こうして記事は消された。ある記者の手記

新聞はなぜ、原発を止められないのか

吉田昭一郎
Yoshida Shoichiro

南方新社

はじめに

福島第一原発事故を経験し、原発の怖さを知ったはずの日本で、国はなぜ、こういとも簡単に、「原発回帰」へ大転換できるのか。なぜ、事故のリスクを棚上げし、根強い脱原発の民意を切り捨てて、原発の再稼動や新増設を推し進めることができるのか。それは、一つには、新聞など報道機関が、国や大手電力など経済界の意向に引きずられ、そのチェック機能を十分働かせることができていないからではないか。原発をめぐって依存度の低減をめざすのか、最大限に活用するのか、国のエネルギー基本計画の見直しが議論されている中にあって、新聞は、国民の間に議論を導く十分な報道を展開できているだろうか。

私は、記者として三十七年間勤めた西日本新聞社を定年退職し契約社員として再雇用される二〇一八年一月のしばらく前から四年余にわたり、九州電力玄海原発（佐賀県玄海町）の再稼動に向き合った平戸支局（長崎県平戸市）と、その後、福岡市の本社で勤務した。

福島であれだけの大災害を引き起こした原発を、新聞記者として安易に認めるわけにはいかない。必然的に、脱原発、再生可能エネルギー拡大の立場から、記事を書き続けることになった。その道のりは平たんではなく、新聞社内にあってさまざまな壁が立ち現れ、歩みを阻まれた。

本社では最初、一般記事を書くただ一人の再雇用ライターとして自由な取材、執筆を許されたが、農山村の再生エネ特集面をつくってからはそうしたテーマの取材から引きはがし、遠ざけるかたちで担当業務指示を受けるようになった。それでも、福島県飯舘村や浪江町に出かけてはウェブ連載や独自記事を書いた。原発依存を続ける国と大手電力を批判するコラムも数多く書き連ねた。

そうした先で待ち受けていたのは、事実上の断筆要求だった。会社側は一年更新の当期労働契約満了を控えた二一年十二月の契約更新交渉で、私に対し、契約業務欄に「取材、執筆を含まない」と追記した労働契約書兼労働条件明示書を出してきて、「編集局ではあなたの原稿はもう受け入れない」という。私は「書き続けたい」と再考を求めたが、会社側は間もなく交渉を打ち切り、同十二月末で私を雇い止めに持ち込んだ。

なぜ、そんなことになったのか。

その四年余の間は、福島第一原発事故の後、盛り上がった脱原発のうねりは表向き沈静化する一方、「原発回帰」の動きが目立ち始める時期だった。九州電力は二〇一八年三月、玄海原発を再稼働させ、すでに再稼動させていた川内原発（鹿児島県薩摩川内市）と合わせて、事故前と同じように二原発体制を復活させた。地球温暖化対策をめぐる菅義偉首相のカーボンニュートラル宣言をきっかけに、保守政界では「原発はＣＯ２を出さない」と主張して、事故後運転停止している原発の再稼動と新増設を求める声が上がり始める。事故から十年を過ぎると、新増設やリプレース（建て替え）を推進する自民党議員連盟も発足する。新聞社もこうした動きに引きずられたのだろうか。

本社・編集局の雰囲気も変わった。脱原発の主張を遠ざけ、半ばタブー視する事故前の空気が戻ってきていると感じる場面が増えた。私は孤立状態に置かれ、周囲から、脱原発論者への取材をけん制するような声や西日本新聞社の株主である九州電力の立場に配慮を求めるような声が投げかけられた。それらは「会社としての西日本新聞」が求める同調圧力のように聞こえた。私は脱原発の立場を崩さなかった。脱原発の民意は根強い。九州電力の立場に配慮する紙面づくりというものがあるのなら、それにあらがい逆張りする発言をして、記事を書こうとした。それが記者として誠実であることだと考えた。

原発をめぐる気になるニュースが届いたり、紙面の記事に何か問題があると感じたりしたら、一声上げるようになった。誰かに向けてということではなく、周囲の不特定多数に向けて、何らかの意見や感想を口にする、自称「一声運動」で、周囲が声を上げにくいのなら、私が声を上げて、議論につなげたい、というひそかで個人的な試みだった。粗雑なふるまいだと受け取られかねない試みだったかもしれないが、いまの西日本新聞に足りないものを足そうという気持ちがあったことにうそはない。大きくとらえれば、そうした一声や記事は新聞社のためになるはずだ、と信じるところもあった。しかし、結局のところ、そういう思いは新聞社にはまったく通じず、まったく受け入れられず、まったく容認されず、雇い止めという結末に至ったとすれば、極めて残念なことだ。

この手記は、あるブロック紙の片隅で繰り広げられた、ある記者の闘いの記録である。いろいろなかたちで立ちはだかる壁に、どう向き合い、どう押し返し、どうかわし、どうやり過ごして、記事を書きつないだのか、書いている。それは裏返せば、新聞社は意に添わない記者をどう抑圧し、どう遠ざけ、どう外し、どう失職へ追い込んでいったのか、をたどることでもある。読み進んでいただければ、経営の論理と報道の自由のはざまで苦悩し、ジャーナリズムの道筋を逸脱しそうな新聞社の今の一つの姿が、まざまざと立ち上がってくるはずだ。それは、脱原発の民意がこれだけ根強いにもかかわらず、新聞社はなぜ、原発問題に十分に踏み込むことができずにいるのか、なぜ、「原発回帰」を止めることができないのか、そのわけの一端を伝えてもいるだろう。

失職するまでの四年余の記者生活を振り返って、あらためて気づいたのは、自分は原発政策の今後を議論する上で、忘れてはならない訴えや呼びかけを少なからず取材している、ということだった。玄海原発の周辺に暮らす人たち、福島第一原発事故で避難生活を送った福島県飯舘村や浪江町の人たち、国と東京電力の関係者を刑事告訴した福島原発告訴団のリーダー、脱原発を訴える弁護士、河合弘之さんやエネルギー問題の研究者、飯田哲也さん、再生エネの分散立地による日本経済再生を訴える経済学者、金子勝さん……。この手記では、そうした方々の声を紹介している。国が原発の「最大限の活用」を加速させそうな今こそ、かみしめておきたい言葉の数々だ。

あわせて、私が取材当時、どんなことを考えたのか、とともに、いまこれだけは言っておきたいと思うことを書き込んでいる。この手記が、あらためて原発問題を考え、新聞報道のあり方を考える上で、いくらかの助けになるなら、ありがたいことだ。

新聞はなぜ、原発を止められないのか――目次

第一章　事実上の断筆要求

津島ルポ取材から戻った矢先に

　会社側が、私に事実上の断筆要求を突き付けてきたのは、福島第一原発事故による帰還困難区域指定で立ち入り規制が続く阿武隈山系の山村、津島地区（福島県浪江町）の取材から戻って一週間ほどたった、二〇二一年七月二十日のことだった。出張申請が認められず、休みを取って自費で出かけていた。掲載紙面が決まり、原稿を書き上げて、デスクに原稿を出したところだった。当時、クロスメディア報道部からくらし文化部へ八月一日付で異動する運びとなっており、着任前の面談で、くらし文化部長らが通告してきた。

　ついに来たか、と思った。その頃は、福島第一原発事故から十年が過ぎて、事故関連の記事はあまり見られなくなっていた。九州電力はすでに玄海、川内の両原発の再稼動にこぎ着けていた。国政では自民党の一部で原発の新増設を求める声が上がり始め、「原発回帰」の動きが目立ち始めていた。そんな中にあって、避難者がもとの居住地に戻れず、生活再建が思うように進まない現状を伝え、原発事故の怖さを重ねて印象付けるルポ記事は、「原発回帰」を推し進めたい側にとっては不都合なものになる。西日本新聞社の経営陣としては、有力株主である九州電力に対し忖度を働かせれば、掲載させたくない記事だったのだろう。

一方で、まさか、とも思った。日頃から、新聞社の幹部筋には、私の脱原発路線の記者活動を応援する向きもあると感じており、取材、執筆が封じられるような事態になることはないだろうと楽観するところがあったからだ。

津島地区を知ったのは、福岡県久留米市出身のフォト・ジャーナリスト、野田雅也さんの映像作品「ふるさと津島」を記事で紹介したのがきっかけだった。住民有志グループ「ふるさと津島を映像で残す会」が、長年の立ち入り規制で朽ち果てたり、一部地域で解体が始まったりして姿を消しつつある地区の家々を映像記録として残して後世に伝えようと野田さんに撮影を依頼した。野田さんはドローンで家々を上空から撮影し、かつての津島の暮らしをめぐる人々のインタビューを重ねて作品に仕上げた。私はかねてから、チャンスがあれば、作品に登場する津島の人たちに会って直接話を聞いてみたいと思っていた。

津島地区の人たちのほぼ半数は、国と東京電力を相手に、地域の放射線量を事故前の水準に戻す原状回復などを求める損害賠償請求訴訟を福島地裁郡山支部に起こしていた。いわゆる「ふるさとを返せ　津島原発訴訟」である。その判決公判が近く開かれるという。絶好のチャンスだった。裁判に絡めて書けば、ニュース性も出て記事にしやすい。

当時、津島地区では面積の一・六％という、ごく限られた地域が国の「特定復興再生拠点区域（復興拠点）」に指定され、公費で希望者の家の除染と解体が進められていた。しかし、その復興・除染事業の対象外とされ、いつ自宅に戻ることができるか見通しがつかない人たちが残されていた。事故から十年たってもまだ復興の道筋さえ示されない放射線汚染地域が残っている福島の現状を、津島のルポ取材を通じて広く伝えたいと思った。新聞社内に向けても、福島報道の縮小は時期尚早ではないか、まだまだ追いかけ続けなければならない、と記事を通じてアピールしたかった。出張申請は却下されたが、夏休暇を取り、掲載される確かな見通しがないまま、福岡発仙台行きの飛行機に乗り込んだ。

津島の現地取材では、「ふるさと津島を映像で残す会」のメンバーで、以前、電話取材でお世話になったことがある三瓶春江さんが、案内役を務めてくれた。貸与された放射線測定器を携え、復興拠点に指定されている中心集落を歩いた。解体されたばかりの更地と放置された家が入り交じる。人の気配がない。みんな県内外に散り散りになって、遠く離れた土地で暮らしている。草木の繁茂の勢いが周りから伝わってくるばかりだ。復興拠点を出て、幹線道路を走ると沿道の家々は、もはや雑草に覆われている。ところどころに一度除染・整地されたという農地があったが、低木が立つ藪となっていて、説明がなければそれが農地だと気づくことはない。

復興拠点内にある春江さんの家に立ち寄った。天井も壁も床も腐食が進んで、もう住める状態ではない。用心しないと床を踏み抜いてしまいそうだ。「原発事故の被害を伝えるのは、私の責任、義務だと思うので」。そう語り、てきぱきと各部屋を案内し、四世代十人で住んだ事故前の家族の暮らしを懐かしそうに話す。しかし、春江さんの表情にはやはり時折、影が差す。この家を建てた元町職員の義父は避難先でこの家にしきりに帰りたがった。願いはかなわず、避難先で亡くなった。義父をはじめ家族の思い出が詰まった家である。どうするか、夫と話し合い、ずいぶん迷ったが、ようやく解体を決断したところだ、という。

終わりの見えない避難生活は津島の人々を痛めつけた。春江さんの義父のように体調を崩して亡くなったり、認知症になったりする人たちが続出した。当時、裁判の原告だけで事故後、すでに五十人以上が亡くなっていた。津島の避難者五百人余を対象にした、ある精神科医の調査では、約半数にＰＴＳＤ（心的外傷後ストレス障害）の症状があったという。

津島の人たちが裁判で求めた、山や森も含めた津島全域の原状回復は、簡単ではない。国は復興拠点以外の山野を含めた除染には踏み込んでいない。全域除染するとなると、膨大な時間と労力、費用がかかるだろう。しかし、津島の人々にとっては自由に出入りできる山や森があるのが津島の暮らしであり、住まいと山や森をひとまとめにした地域全体がふるさとである。いくらか所定の金銭賠償があってもふるさとの喪失を補えるわけではない。何の過失もない被害者として、津島の人たちが「あなたたちが汚したのだから津島を全部、元どおりにして戻してほしい」と国と東京電力に求めるのは、ごくまっとうで、当然のことだと思えた。そこには、山の幸、川の幸に恵まれ、人と人の絆の中で安心して暮らすことができたふるさとからいきなり追い立てられ、避難生活で心身を痛めつけられ、亡くなる者も相次ぎ、事故から十年が過ぎてもなお確かな将来が見えないまま「追い出されっぱなし」にされている人たちがいる現状への強い憤りがあった。

浪江町の海沿いに足を延ばす。広大な土地に太陽光発電のパネル群が目に入ってきた。国家プロジェクト「福島イノベーション・コースト構想」の拠点の一つで、世界最大級の水素製造装置を備えるという「福島水素エネルギー研究フィールド」だった。産業復興への熱量が伝わってくる。復興から半ば取り残されているかのような津島の光景と比べれば、その復興の歩みのアンバランスに寒々しさも感じた。

「国と東電の人たちは津島を見に来て、私たち住民の声を聞いてくれたことが一度もない。汚しておいて気にならないのでしょうか」。そう言って、春江さんは悔しがった。書かなければならない、と思った。

新聞社は被害者から遠いところに

ルポ記事として掲載を希望すると、出張申請が却下された経緯もあって、デスクは最初は躊躇した。取材の内容を説明し、粗々の原稿を見せると掲載調整に動いてくれた。紙面編集部門のデスクらは快く原稿を受け入れてくれたようで、間もなく掲載予定日と掲載面が決まった。いちかばちかだったが、ほっとした。これは掲載した方がいい、と判断してくれた人たちが現場にいたことはうれしく、ありがたいことだった。記事は、津島原発訴訟の判決の前触れとなる大型企画記事として、「帰還困難　福島・津島地区ルポ／朽ちるわが家　見えぬ明日／避難住民、全域除染求め裁判」の見出しが付き、写真四枚も添えて、七月二十八日付夕刊の社会面トップと、新聞社ウェブに掲載された。

掲載までに、掲載を差し止めようとする幹部筋の動きはなかった。しかし、事実上の断筆要求が突き付けられる。近く異動するくらし文化部の部長と編集局労務幹事が異動前の面談で、新たな私の契約業務は「読者文芸、読者投稿欄などのデスク業務」であり、「取材、執筆は契約業務ではない」と通告してきた。その趣旨を聞くと、どうやら、もう書くな、と言いたいようだった。しかし、なぜ、断筆を求めるのか、はっきりした理由の説明はない。

新聞社の経営陣や編集局幹部が津島ルポの記事をどう受け止めるかは、原発をめぐる新聞社の立ち位置を見定める一つのバロメーターになると思っていた。津島ルポの記事の内容には、ある程度自信があった。被災者側が地域全体の原状回復を求める裁判は珍しく、あまり知られていなかったから、それなりのニュース性もあった。編集部門が社会面トップに置いてくれたことが評価の証明だ、と思ってもいた。自費取材でいい記事を掘り起こし紙面に貢献したと評価する声もいくらかは上がるかもしれないという期待が全くなかったわけではない。

しかし、上の方から評価の声が上がることはなかった。私はそれまで脱原発の立場から独自の記事を書きつないできており、幹部筋の間には、そうした記者活動を快く思わず、不満を募らせる向きがあることも感じ取っていたから、会社側は、津島ルポの敢行をきっかけに、もうこれ以上、私に脱原発路線の記事は書かせたくないという判断に行き着いたのかもしれない。ああ、西日本新聞社はもう、脱原発を求める福島第一原発事故の被害者や多くの国民からずいぶん遠く離れたところに立っているのだな、いったい、どこを向いて新聞をつくっているのかと、くらし文化部長らと面談でやりとりしながら、思ったものだ。

なぜ、事実上の断筆要求をするのか、納得できる説明がないのに、おいそれと要求を受け入れるわけにはいかなかった。書きたいことはまだたくさんあった。私は「契約業務をきちんとこなす条件で、取材、執筆は続けたい」と強く要求した。これに対し、くらし文化部長らは、「取材、執筆は契約業務ではない」と繰り返すばかりで、らちが明かない。私は食い下がった。面談は一回では終わらず、翌日も開かれた。くらし文化部長らは、取材、執筆する場合の二つの条件を出してきた。一つは「部長に事前に相談し承認を得る」、もう一つは「デスクの指示に従う」という条件だった。私がそれらの条件を受け入れるなら書き続けることをひとまず認めるという。

私はそれらの条件を受け入れた。契約社員としては、書き続ける余地を確保できたことを、前向きに考えるしかなかった。

第二章　原点の平戸支局時代

玄海原発再稼動に向き合う

脱原発、再生エネ拡大を独自の取材テーマにしようと考えるようになったのは、九州電力玄海原発の再稼動に向き合った平戸支局時代の苦い経験が大きく影響している。原点と言っていいかもしれない。

原発から三〇キロ圏にかかる平戸市を担当し、住民の避難問題や再稼働反対自治体の動きを追いかけ、書き重ねる中で、紙面展開をめぐり長崎総局長や佐世保支局長、デスクらと意見が対立した。記事や企画案がボツになったり棚上げされたりするなど、十分な問題提起ができないまま、二〇一八年三月に同原発が再稼働されてしまい、それから間もなく平戸から本社に異動する、ということになったのである。新聞が原発行政と事業者を住民の立場から監視すべきジャーナリズムの担い手だとすれば、その務めをまっとうしたとはとても言えず、逆に報道のあり方が国と九州電力の立場に配慮する方向に陥るような場面があった。本社に戻ってからも、忸怩たる思いやり残したという思いは膨らむばかりで、それが信じる道を歩もうとする覚悟につながり、原発報道のあり方を問いかけ続ける原動力になった。

平戸支局時代の記者活動も、半ばまでは順調だった。出した原稿はほとんどそのまま受け入れられた。原稿が不本意に書き換えられたり、棚上げされたりすることはなかった。本土と結ぶ避難道路が平戸大橋一つしかない平戸島（長崎県平戸市）の避難問題を取り上げたり、各市長が再稼働に反対表明していた平戸、松浦、壱岐各市の漁協組合長の声を協力してまとめたり、平戸島周辺を漁場に親子三人であご漁や素潜り漁などをしている一家を取材し玄海原発再稼動に対する意見を聞いたりするなど、独自の企画記事が長崎県版のトップや特集面に掲載された。二〇一七年夏ごろまでは、長崎総局や佐世保支局のデスク担当者たちにも原発周辺の声を十分にくみ取ろうとする姿勢があった。

ところが、そうした状況は、玄海原発再稼動の半年前になる二〇一七年十月の衆院選（十月十日公示、二十二日投開票）を境に一転する。

玄海原発の再稼動をめぐる当時の状況を振りかえると、九州電力はすでに一七年四月には、原発が立地する玄海町と佐賀県の同意（事前了解）を得ており、通例の地元手続きは終えていた。しかし、原発から半径三〇キロ圏にかかる長崎県の平戸、松浦、壱岐の三市の市長は、事故時の避難への不安などから再稼働反対を表明し、佐世保市を含めた四市は国に対し避難計画への具体的な支援を求める要望書を、長崎県を通じて提出していた。三市にしてみれば、国が必要な避難支援を約束し計画の実効性を確保できない限り、再稼動を認めるわけにはいかない、という立場を取っていた。平戸市など原発周辺住民らはその要望を「四市要望」と呼んで経過に注目していたが、同四月の要望書提出から半年たっても国からの返事はなく、膠着状態のまま、衆院選を迎える、ということになっていた。

こうした事情から、玄海原発三〇キロ圏の長崎県四市を担当エリアとする西日本新聞長崎総局、および佐世保支局としては、長崎県版の衆院選報道をめぐっては、原発再稼動を重要な地域課題ととらえて、相応の手厚い展開が求められていたはずだ。ところが、衆院選公示後、長崎県版では再稼働問題にかかわる記事が投票直前になるまで、全く出てこないのである。

衆院選報道、なぜ再稼働問題を落とすのか

私は衆院選公示当時、衆院選と同日選となった平戸市長選と市議選の取材に追われていた。市長選には、再稼働反対を表明していた黒田成彦氏が三選をめざして立候補を予定しており、再稼働をめぐって何を訴えるのか、注目されていた。黒田氏は告示前の取材で、あらためて再稼働反対を表明し、「(衆院選の)立候補者には四市要望にどう向き合ってくれるのか、説明してほしい」と話した。衆院選の動向や論戦の展開にもかかわる発言だと考え、十二字七十行程度の大型インタビュー記事にまとめて、告示前に長崎県版のトップ級の扱いで掲載された。告示直前に特定の候補者のインタビューを掲載するのは異例だが、無投票の公算が大きいという事情もあって掲載された。市長選告示の十五日、黒田氏は無投票で三選を決め、市議選も始まった。それらの記事を送り終えて、市長・市議選報道には一段落がついた。さて、衆院選に目を向けると、選挙戦はすでに半ばに差しかかっているのに、長崎県版には再稼動にかかわる記事が出ていない。このままではまずい。黒田氏発言にあるように、県北住民は衆院選の論戦に注目している。

私は、長崎県版(県北版)のデスクを担当する佐世保支局長に電話し、「(三〇キロ圏四市

を含む）長崎四区の候補者たちの訴えぶりを取材し、企画記事としてまとめてはどうか」と提案し、取材協力も申し出た。これに対し、佐世保支局長は「原発再稼働についてはこちら（佐世保支局の記者たち）で、争点ものを考えている」というので、私は企画案を取り下げた。ところが、その「争点もの」がなかなか掲載されない。

日ごろは平戸から離れた佐世保支局に出入りすることはない。だから、記者たちがどう動いているか知るところではないが、支局長があぁ言っていたのだからそのうち載るだろう、どんな記事だろうか、と毎朝、新聞を開く。しかし、なかなか掲載されない。ついには、投票日の前々日の朝になるが、朝刊に「争点もの」の記事は見当たらない。裏切られた気分だ。このままでは再稼働問題に一切触れないまま衆院選報道が終わってしまう。これでは地域に根差すブロック紙として怠業のそしりを免れない。がまんならずに、佐世保支局長に抗議の電話を入れた。「このままでは欠陥新聞になる」「今からでも（長崎四区の）候補者たちの原発に対する見解を記事にすべきだ」「（長崎県版全体を統括する）長崎総局にもちゃんと（こちらの意向を）伝えてほしい」などと強く訴えた。

抗議は実った。長崎総局側の仲介もあり、佐世保支局の三人の記者たちが再稼働に対する長崎四区の三候補の考えをそれぞれ取材し、私が一つの原稿にまとめることになった。急きょ突っ込むことになったことから紙面の空きがなく、十二字三十行ほどの短い記事となったが、「原発への対応　三者三様」という二段見出しが付いて、投票日前日の紙面に掲載された。滑り込みで最低限の情報は載せることができて、紙面の体裁を取り繕った、というところだった。

玄海原発三〇キロ圏を担当する報道機関としては、再稼働問題を考えてもらう絶好の機会である衆院選で、それに全く触れずにスルーする、という判断は、私としてはあり得ないことだった。なぜ、こんな腰を引いた報道姿勢になるのか。再稼働が迫る中、九州電力や再稼働推進の立場にある有力筋から新聞社に何らかの横やりが入ったのだろうか、九州電力に忖度した新聞社の上層部から何らかの指示が下りてきたのだろうか、などと首をひねったものだ。

衆院選後、さらに困った事態に直面する。私が衆院選と平戸市議選をめぐる平戸市の開票所での開票速報の仕事を終え、自宅に戻ってひと息ついていた十月二十三日未明、佐世保支局長は私にメールを送ってきた。これ以降、私とのやり取りは「メールを通じてやる」と通告してきたのである。それ以降、佐世保支局長は、私の電話に出なくなった。通話拒否に上の方の指示やお墨付きがあったのかどうかは分からないが、「デスク失格」と糾弾されかねないような怠業行為を、独断でできるような人物とは思えなかった。

この電話通話拒否は、非常に困った。平戸は遠隔地の単独支局で、県北の拠点である佐世保支局に出向くことは日頃はほとんどなく、電話が大事なコミュニケーション手段だったからだ。日々の出稿予定はファクスやメールで伝える。一般記事の多くは問題なく受け入れられるが、原発再稼動にかかわる記事や共同企画案の掲載相談のメールなどに対しては、返信がない例が相次いだ。十分なやり取りができずに出稿記事がボツ扱いにされたり、共同企画案が棚上げされたりする。メールで共同企画案をデスクや記者で話し合う会議開催を再三求めたにもかかわらず、一度も開かれることはなかった。

がく然としたのは、十二月になって、佐世保支局長は、「（自分の担当する長崎県北版には）今後、あなたが出してくる原発関連記事を載せるつもりはない」と、メールで通告してきた。前日に私が出稿し同支局長が受けてその日の朝刊に掲載した平戸市の黒田市長の議会答弁記事が気に入らないという。「本来、必要ない原稿」と、酷評している。

その記事は、「四市要望」の経過をめぐる黒田市長の答弁を取り上げたもので、要望書提出後、半年以上たっても国の回答がなく棚上げ状態になっている「四市要望」をめぐって「（避難計画に実効性をもたせるために）具体的に交渉していきたいが、なかなか前に進まないもどかしさがある」「（四市要望への支援を）申し入れても九電からは（原発の）安全対策を縷々返されるばかりで、国から『（佐賀）県と立地自治体の同意を取っている』と言われれば、なすすべがない」などという答弁を書き込んだ。国や九州電力側に具体的な支援の動きが見られず、膠着状態を打開できずにいる原発周辺自治体の窮状を伝える意味があると考えた。原稿は「『国の回答なくもどかしさ』／原発四市要望で平戸市長」という二段見出しが付いて、長崎県版に十二月八日付で掲載された。

佐世保支局長は、その答弁記事について、前日のやり取りとは一転して、「国の返事がないから困っているというのが、どこがニュースなのか」とメールに書いていた。なぜ、自分が前日に通した原稿を翌朝になって一転、完全否定するのか。朝刊でその原稿を読んだ上の方から何か批判めいたことを言われたのだろうか。「今後、あなたが出してくる原発関連記事を載せるつもりはない」などと、強権をふるうタイプではないからだ。本人が書いたメールなのか、と疑うほどだった。「どこがニュースなのか」と切り捨てる文面に、再稼働反対自治体に対する冷ややかさや敵意のようなものがにじんでいる。事故時の避難を不安に思う平戸の住民側の声に理解を示して原稿を受け入れてくれていた衆院選前の姿勢はどこに行ったのか。寒々しい思いになった。そのメールにはジャーナリズム本来の姿はかけらも見いだせない。「会社としての西日本新聞」の影が、佐世保支局長の背後に見え隠れするようだった。

「四市要望」経過記事、ボツにされる

その後、私の「四市要望」経過記事が、ボツにされる事態に直面することになった。「あなたが出してくる原発関連記事を載せるつもりはない」という佐世保支局長のメールの通告通りである。これには、一記者として本当に驚いた。

経緯はこうだ。十二月二十五日に長崎県と四市の実務者が同県庁に集まり、「四市要望」をめぐる対応を協議する会議を開くことになった。事前にそれを知った私は、県庁担当記者がいる長崎総局と、佐世保支局に、会議当日に取材し経過記事を出稿してもらうようにファクスで依頼し、こちらは平戸市の担当者に会議後、電話でその内容を聞いて情報を上げる段取りをつけておいた。当日、長崎総局の担当デスクに電話を入れ確かめると、「県庁担当記者らは別件取材に追われており、対応できない」と言い、こちらに「直接、県担当者に電話取材して処理してほしい」と頼んできた。私は即座に応諾。平戸市と県の担当者に電話取材した。その取材によると、国は「四市要望」に対しまだ具体的な回答をしておらず、来月、内閣府担当者が来県して説明する運びになったという。それを短い原稿にまとめて、出稿予定を最初の窓口である佐世保支局長にファクスで送った。これに対し、佐世保支局長は私が

送ったファクスに「必要なし」と書いて返送したきり、デスクワークを放棄した。佐世保支局に電話すると、外出したという。その後、何度か携帯にかけるが、いつものように出ない。こうして、私の記事は葬られた。

重ね重ねだが、原発周辺の自治体と住民にとって、「四市要望」に対し国はいつ回答するのか、はその後の対応を考える上で知っておきたい情報だったはずだ。そうした経過記事を載せるのには、地元は国の動きを注視していると国側に伝える意味合いもある。私としては、それは「ぜひもの（ぜひ掲載すべき記事）」と考えていた。しかも、この会議開催の予告記事が掲載されており、その結果を伝えるのは報道の原則なのだ。

私は本社幹部と長崎総局長に対し、佐世保支局長のデスクワークの放棄について報告し、改善指導を求める要望書をメールで送った。電話通話拒否という不祥事も伝えた。後日、本社・編集局幹部が佐世保支局長に事情を聴きに訪れる騒ぎになった。同席していないから、どんな指導があったのかは分からない。聴取結果についてこちらに伝えられることもなかった。

なぜ、佐世保支局長は、衆院選以降、私が重ね重ねに提案した「四市要望」関連の共同企画案を棚上げにしたり、「四市要望」をめぐる私の平戸市長答弁記事を「不要だった」と酷評し、「今後、あなたが出してくる原発関連記事を載せるつもりはない」と通告したり、実際に「四市要望」の経過記事をボツにしたりするなど、「四市要望」を目の敵にして排除するかのようなデスクワークをしなければならなかったのだろうか。

はっきりしているのは、「四市要望」は平戸、松浦、壱岐三市という再稼働反対自治体の結集のシンボルであり、事故時の避難を不安に思い国などの支援を求める周辺住民の願いを束ねたものであり、国と九州電力にしてみれば、それへの対応を誤って地域との関係がこじれれば再稼働に支障をきたしかねない、デリケートでやっかいな懸案だった、ということだ。「四市要望」に対する国の回答遅れが新聞紙面で批判的に繰り返し伝えられ、避難支援に対する国の踏み込みの弱さが浮き彫りになるなら、住民側の憤りや不信感が増して、ひいては再稼動反対運動につながる事態もありえないことではない。だから、国と九州電力は、できることなら新聞では「四市要望」の経過は取り上げずにそっとしておいてほしいという立場だったのではないか。

このように考えていくと、「四市要望」にかかわる記事や企画案を排除するデスクワークが、どのような立ち位置で行われているのか、おのずと明らかと言えそうだ。そうした紙面づくりは、国と九州電力の立場を忖度した自己検閲だった、と受け取らざるを得ないところがある。

国の「ゼロ回答」記事、圧縮指示

さて、国が「四市要望」への回答を伝えてきたのは、再稼動が迫る二〇一八年一月末だった。四市が要望書を出してから九カ月たっていた。

国の回答の仕方は、思いもよらないものだった。佐賀県唐津市に玄海原発三〇キロ圏の三県八市町の実務者が集まって開いた原子力防災協議会・作業部会の終了後、内閣府の担当者が長崎県四市の担当職員に声をかけて、口頭で伝えたというのだ。平戸市の黒田市長が市役所で開いた同二月二日の定例記者懇談会で明らかにした。県北担当の報道陣はそこで、もうすでに国の回答があったことを初めて知った。

本来なら、国側は長崎県側の県庁か松浦市役所あたりを訪ねて、回答文書を示してその内容を説明すべきところだ。地域住民を代表する長崎県側の各市長が連名で出した要望書に対して、佐賀県内での会議に出席したついでに各市の実務者に口頭で伝えるというのは、事故時の避難を不安視する原発周辺自治体や住民を軽視し、半ば愚弄するような扱いではないか。

そして、それにも増して驚いたのは、内閣府職員の回答内容が、避難用道路や岸壁の整備、放射線防護施設の整備、避難困難者の避難支援など、四市が挙げた要望事項に対して、具体的な対応策や支援内容が何ら示されない事実上の「ゼロ回答」だった、ということだ。「ゼロ回答」の理由について、担当者は「関係省庁との調整がうまくいかなかった」などと説明したという。国は、長崎県北担当の報道陣に回答予定の日時、場所を事前に一切伝えなかった。当日取材できたなら、私をはじめ報道陣は国側を質問攻めにしただろう。国はこそこそと回答するものだ。再稼動が目前に迫る中、隣県であった会議のついでに各市の職員をつかまえて、「ゼロ回答」を投げつけて、さっさと引き上げる。住民の不安に向き合う真摯な態度が感じられない。「四市要望」からこっそりと逃げ切ろうとしているように見えた。

私は憤った。記事には、国の回答は中味のないものだったことを伝えるだけでなく、原発周辺自治体と住民を軽視する回答の仕方への批判も織り込みたかった。事故時の避難をめぐる数多くの課題のうち、要援護者の避難問題など優先して解決すべきものをどうするのか、今後、国にどう働きかけていくのか、についても書き込みたかった。原稿の行数は少なくとも十二字六十行程度はほしい。市長の記者懇談会での取材後、勢い込んで出稿連絡の電話をかけた。すると、デスクワークは長崎総局長が担当するという。総局長は長崎県内のデスク、記者たちを統括するトップで普段はデスクワークを担うことはない。電話に出てきた総局長は、その原稿を三十行程度でまとめるよう指示してきた。それでは足りない、と説得を試みるが、総局長は頑として応じない。社会部育ちで、権力に厳しく住民側に立つタイプの人物だと思っていたから、あっけにとられた。「あれっ？　君までか」と思わず口にしそうになった。平戸から、遠く離れた長崎市の総局に電話している。電話では、粘って説得しにくい。その原稿は結局、二十五行とさらに短く抑え込まれた。国の対応に対する批判は全く書き込むことができなかった。

元の原稿では、平戸市長が記者懇談会で語った「事実上、ゼロ回答だった」という言い回しを前文に織り込んでいたが、総局長はその表現を別の表現に書き換えるよう求めてきた。こちらはその表現でいきたいと説得したが、総局長は応じない。結局、「十分な回答が得られなかったという」という文章に置き変わることになった。丸まってしまってインパクトの弱い表現である。

事故時の避難に対する住民側の不安に向き合おうとしない国の原発行政のあり方を批判するのが、報道機関に求められる仕事だったはずだが、そのときのデスクワークは逆に、国への批判を抑え込む方向に向かった。

分断線の外に置かれたか

玄海原発の再稼動が近づくにつれて、平戸支局で単独勤務し住民の避難問題を書き続ける私は、周囲のデスク担当者や記者たちから遠ざけられ、孤立状態になっていった。

二〇一七年十月の衆院選のとき、長崎県版の紙面展開をめぐる私の抗議をきっかけに、佐世保支局長が私の電話に出なくなったのは前述の通りだ。報道が山場に入る中、私は佐世保支局長と関係修復を図った。メールで、抗議のとき怒鳴ったことについては謝罪し、一記者として報道への思いを、次のように正直に伝えた。「県北の記者として、なにもせずに、なしくずしの（玄海原発）再稼働を黙って見送るのは、読者への背信行為にも思えます。九電と（西日本新聞社の）経営との関係は関係として、九州の新聞として、紙面ではきちんと原発再稼働問題に向き合わないと、読者が離れると思います」。これに対し、佐世保支局長からは返信がなかった。日ごろは往き来することがない佐世保支局に、ある夕方、顔を出し、支局長と話し合おうと待機してみたこともあるが、支局長は仕事が一段落するとこちらに一言も発することなく、支局を出ていった。その後、私は佐世保支局長に対しメールやファクスで、再稼動に反対する長崎県平戸、松浦、壱岐の三市長の大型インタビュー記事や、避難計画をめぐって佐世保市を含めた四市が国に支援を求めた「四市要望」の内容を掘り下げる連載記事など、共同企画案を相次いで提案したが、棚上げされ、事実上黙殺された。企画会議の開催を求め続けたが、再稼動まで一度も開かれなかった。

ある佐世保支局の記者に、「四市要望」をテーマに共同企画を一緒にやってみようと電話で誘ったことがある。しかし、その記者は「会社の方針だから」と即座に断って、話を打ち切った。「会社の方針」とは、西日本新聞社は玄海原発の再稼働を支持している、ということだったのか、「四市要望」の報道は最小限に抑える、ということだったのか、詳しいことは分からない。

佐世保支局長のように、私の電話に出ない記者も現れた。私は一時、平戸市と同じように市長が再稼働に反対していた松浦市担当の記者に対し、「四市要望」に関連して平戸市に何か動きがあればそれをメモにして、ファクスやメールで送った。それぞれ市の動きを伝えあい、取材に生かしましょう、という誘いのつもりだった。日ごろから情報を共有しておけば、何か動きがあったとき協力して対応しやすい。情報交換を重ねながら、ゆくゆくは共同企画・連載の展開につなげていきたいと考えてもいた。何度か平戸市の動きをメモにして送った後、これから適宜、このように情報交換をしていきませんか、とファクスやメールで提案した。しかし、応答が全くない。後に電話をかけると、その記者は「(情報交換の依頼は)デスクを通してほしい」と言うなり電話を切って、それからしばらくは電話に出なくなった。松浦市は近いところで玄海原発から約八キロしか離れておらず、長崎県の自治体では玄海原発に最も近く、再稼働は市民にとって平戸よりもっと身に迫る問題だったはずで、何か松浦市に動きがあったら平戸から応援に駆け付ける気持ちもあったから、その記者の対応は残念で仕方がなかった。

さらに、市長が再稼働に反対している佐賀県側の市の担当記者に、同じ趣旨で情報交換を持ちかけたが、その記者もまた「デスクを通してほしい」と断ってきて以降、私の電話に出なくなった。情報交換をきっかけに、松浦市担当の記者も交えて、長崎、佐賀両県の再稼働反対自治体の訴えを紹介する共同企画を三人で展開できないか、と考えていたのだが、出鼻からシャットアウトされた。

こうした記者たちにも、何らかの「会社の方針」というものが伝わってきていたのだろうか。脱原発の立場から記事を書き続ける私には、上司たちから「会社の方針」が伝えられることはなかった。平戸支局は遠隔地の単独支局だから、日ごろ他の記者との交流はほとんどない。電話通話を拒まれてしまったら、メールでやり取りするしかないが、こちらからメールしても返信されなければどうしようもない。メールが放置されて感情的になると、敬遠される。悪循環になる。私はそのうち、他の記者と協力して記事を出すことはあきらめて、再稼動反対の自治体や住民を取材し、事故時の避難問題を中心に独自の記事を書きつなごうとした。しかし、再稼動が近づくにつれて、思うようなかたちで掲載してもらえない場面が相次ぐようになった。デスク担当者に原稿の趣旨を説明し、議論し、説得しようと試みる場面も増えた。私は簡単には引き下がらなかった。それに対し、デスク担当者は「よく絡んでくる記者だ」というふうにとらえて、こちらを遠ざけようとする向きも出てくる。

福島第一原発事故から年月がたつ中で、新聞社にも事故前の空気が戻ってきているという感覚は、平戸支局の前の勤務先で、同事故関連のドキュメンタリー映画の紹介記事を書いていた文化部時代からあった。有力株主である九州電力との関係を重視する新聞経営の論理が目に見えない重しとして報道現場にかぶさってきて、多くのデスクや記者たちは自ら原発批判を控え、遠ざけてしまう。そんな空気である。平戸支局時代は、その経営の論理が九州電力玄海原発の再稼動という具体的な報道課題を前にして、もっとむき出しになって迫ってきたと言える。

私は、一新聞記者としてまじめに取材し記事を書いているつもりであるのに、社員としては半ばトラブルメーカー扱いされ、浮き上がってしまう。私と、デスク担当者や記者たちとの間に、会社公認の分断線のようなものがいつの間にか引かれていて、私はその外側で一人、立ち尽くしている。そう感じることがよくあった。まっすぐに一記者として進もうとすればするほど、状況が悪化して、これははたして報道機関として正しい状況なのか、と歯噛みしていらだつ場面も少なくなかった。

取材陣から外される

玄海原発三〇キロ圏に入る長崎県平戸、松浦、壱岐、佐世保の四市は、国に避難支援を求めた「四市要望」に対し国が具体的な避難支援策を示さず、立ち往生した。二〇一八年一月末の国の「事実上のゼロ回答」の後、あらためて要望実現へ働き掛ける動きはみられなかった。そんな中、原子力規制委員会が同二月十一日、佐賀県唐津市で、三〇キロ圏に入る佐賀、長崎、福岡三県八市町の首長との意見交換会を開くことになった。原発立地地域では初めての試みで、九州電力社長も出席するという。長崎県の四市にとっては、公の場で、国と九州電力に直接意見を投げかけ、支援を求める最後のチャンスと言えるものだった。

「四市要望」の経過を追いながらデスク担当者の理解を得られず、再稼働反対自治体の声を十分伝えきれていなかった私にとっても、四市の主張を重ねて伝え国に対処を促す記事を出すチャンスだった。私は、その意見交換会の開催の動きをつかむとすぐに長崎総局の担当デスクに電話を入れて、唐津市への出張取材を申し出た。長崎県内の記者では最も数多くの「四市要望」関連の記事を書いてきた自負はあったから、躊躇はなかった。しかし、デスクは即座に私の申し出をはねつけた。あからさまな取材外しだった。

意見交換会の当日、私はひそかに唐津市に出かけた。長崎県版向けの記事を書くために派遣されるという佐世保支局の若手記者らが十分に取材できるか、気になった。会場に入ろうとすると、主催者側から社名と氏名を聞かれ、伝えると、「西日本新聞の取材者リストに事前登録がない」として入場を断られた。どう説得したか覚えていないが、しばらくやり取りした末に入場を認められた。私は若手記者に「分からないことがあったら、何でも聞いてほしい」と声をかけ、いくらかの助言をした。見守っていると、佐世保支局の若手記者は、出席者たちの発言を同時進行でパソコンに打ち込み、一区切りしたところで順次、長崎総局に送信しているようだった。デスクはそれら長崎県の市長たちの発言の中から必要な部分を拾って、原稿に仕立てるのだろう。若手記者はこちらの話は黙って聞くが、何も質問してこないし、会話が成立しない。会議終了後、帰途に就く市長たちを順次引き留めて、その若手記者に補足取材をしてもらった。

意見交換会では、平戸、松浦、壱岐の三市長が、事故時の住民避難の不安などを理由に、あらためて再稼動反対を表明した。しかし、国と九州電力側は、避難不安に応える具体的な対応策を示すことはなく、進展はなかった。原子力規制委の更田豊志委員長は「原子力施設を動かす場合に、最低限の対策を取るよう求めるのが規制委の役割。再稼働するかどうかは推進主体が判断する」などと言って、議論がかみ合わない。本来なら規制委の主催ではなく、内閣府と経済産業省あたりが、原子力災害対策指針に基づく避難計画づくりの当事者として会議を主催し、周辺自治体の支援要望に対し具体的な対応策を伝える一方で、すぐ対応できないことは中長期の課題として対処する工程表を示しつつ再稼動への理解を求める、というような運び方が、国側の本来あるべき姿ではなかっただろうか。

結局のところ、意見交換会は一種の通過儀式に見えた。三市長の声は聞き流されるのだろうと思った。「周辺自治体の声は聞いた」という〝実績〟づくりか、不満の「ガス抜き」というような思惑が見え隠れするように感じた。翌日の長崎県版を見ると、トップに意見交換会のサイド記事が掲載され、「再稼動反対　三市長表明／松浦、平戸、壱岐『避難計画に不安』」と見出しが付いていた。三市長の発言を中心に、国や県、九州電力側の発言も含めて、バランスを取っているが、それは裏返せばそれぞれの意見の羅列であり記者の主張が薄い原稿になっている。

私だったら、再稼動間近になってもなお、原発周辺住民の不安に正面から向きあおうとせず、避難支援を求めた「四市要望」に対して何ら具体策を出そうとしない国の無策ぶりに焦点を絞って、三市長たちの発言をまとめる工夫をしただろう。見出しは「国側、なお避難支援策示さず／再稼動反対の三市長が批判」といったようなものになったと思う。

玄海原発は、意見交換会の一カ月余り後の二〇一八年三月二十三日、再稼働した。国は長崎県四市の避難支援要望に何ら具体的に応じることはなく、原発周辺住民の不安は置き去りにされた。西日本新聞も報道を通じて、そうした原発行政のあり方を批判し、改善を促すことができたとは言えない。

談話の削除、手加減か、忖度か

九州電力玄海原発の再稼動が近づく平戸支局の後半期、逆風の中にあっても、どうしても問題提起しておきたかったのが、原発事故時の住民の避難問題だった。特に、病院や施設の入院患者、入所者や、在宅の高齢者や障害者など、自力で避難するのが難しい人たちの避難について、きちんと備えがあるのか、国や九州電力の支援は十分なのか、確かめておきたかった。

なぜなら、福島第一原発事故による避難指示の後、自衛隊と警察、消防の連携不足などから避難支援が遅れて、入院患者や高齢者施設入所者ら数十人が避難中に亡くなった福島県大熊町の双葉病院事件のことを覚えていたからだ。玄海原発で同じような惨事を繰り返すわけにはいかない。そこのところは、デスク担当者たちも分かっていたはずで、避難困難者の避難問題をめぐる私の独自記事は九州電力マターだからといってデスクワークによって排除されることはなかった。ただ、元原稿に織り込んでいた施設長の談話のうち私としては大切だと思っていたところが省かれて国と九州電力の対応に対する批判のトーンが弱められたり、日にちに余裕をもって出稿しているのに掲載が再稼働直前に持ち越されたりするなど、こちらの意見や希望が通らず、不満が残った。

施設入所者の避難問題では、三〇キロ圏内にある平戸、松浦両市の施設三カ所を訪ねて、事故時の避難にどう備えているか、それぞれの施設長に話を聞いた。いずれも避難支援要員や避難車両に限りがある中、事故時に入所者を無事に避難させることができるかどうか、確信を持てずにいた。ある特別養護老人ホームでは、約六十人の入所者の大半が車いすを使い、寝たきりや認知症の人もおり、事故時には避難支援態勢が整うまでは屋内退避することにしていた。ただ、周囲の放射線量が高まり屋内退避から避難指示に切りかえられたときには、ただ一つしかない避難路が地震などで通行できなければ身動きが取れないし、避難路が通れたとしても、そのとき避難支援に十分な職員が集まることができるか、不安を抱えていた。職員たちもそれぞれ自宅で被災していればすぐに出勤するのは難しい。入所者たちが全員、無事に避難するまで何日かかるか、見当がつかない。

そこの施設長は言った。「国民の生命、安全を守る国の責任が、施設に転嫁されている。〃国はここまでやる、九電はここまでやる、だから、あなたたちは、これは責任を持ってやってくれ〃という、役割分担の話が全くない。そんな（入所者を安全に避難させる）こと、私たちだけでできるわけない」

そのコメントは、国と九州電力は玄海原発の半径三〇キロ圏内にある病院や高齢者施設がどんな避難手順を考え、不備はないのか、どんな避難支援が求められているのか、把握する努力を怠っていると一言で伝えている。原発を動かす側に、多数の犠牲者が出た福島第一原発事故の双葉病院事件の教訓を主体的に生かそうとする姿勢がないことをうかがわせてもいる。本来なら、国は自治体を通じてでも実情を調べて、九州電力と協力して不備や不足を補う具体策を示すくらいの踏み込みがあってしかるべきだ。私はそのコメント全文を原稿の前の方に織り込んだ。重要なものを前に書くトップヘビーの構成である。

原稿は、長崎県版の特報面「フォーカスながさき」用として、長崎総局の担当デスクに送った。掲載組み込み日の一週間ほど前には出稿したと記憶している。デスクは組み込み日になってから、全面的に書き換えた原稿を返してきた。読んでみると、その施設長のコメントのうち「〝国はここまでやる、九電はここまでやる、だから、あなたたちはこれは責任を持ってやってくれ〃という、役割分担の話が全くない」というところが削除されていた。私はすかさず、削除部分を復活させコメント全文を掲載するように要求した。しかし、デスクは復活に応じない。

原稿には「国と九電の支援がはっきりしない」という言い回しの別の施設長のコメントが別のところに織り込まれてはいたが、「……役割分担の話が全くない」というコメントのインパクトに比べれば、トーンダウンする。国と九州電力への批判の迫力が弱まってしまう。私は復活するよう説得するが、デスクには通じない。こちらでコメント全文を復活させる形に原稿を書き直して次回の特報面向けに再出稿しようと考え、原稿の一時取り下げを申し出た。しかし、デスクはそれも応じず、「これ（書き換え原稿）は会社としての結論だ」などと言う。私は結局、デスク方針を受け入れた。デスク側の書き換え原稿は、施設長のコメントの削除部分を復活しないまま、二〇一七年十二月、「玄海原発再稼動への不安根強く／災害弱者どう守る？／福祉施設　安全確保に苦慮」という見出しが付いて、「フォーカスながさき」に掲載された。

私が、「〝国はここまでやる、九電はここまでやる、だから、あなたたちはこれは責任を持ってやってくれ〟という、役割分担の話が全くない」の復活にこだわったのは、そこを削除するデスクワークの手際に、国と九州電力への忖度というか、手加減のようなものを感じ取ったことも関係している。復活を求めることで、もっと住民寄りのデスクワークができないんですか、と言外に言っているつもりだった。

避難問題の記事、掲載は再稼動直前

年明けの二〇一八年一月になって、今度は、在宅の高齢者や障害者らの避難問題に取り組んだ。玄海原発から三〇キロ圏に入る平戸市・平戸島北部の大久保半島の自治会区長の方々に、事故時にどう支援することにしているのか、取材した。自治体の避難計画では、国の原子力災害対策指針に基づき、いったん屋内退避し、一定の放射線量が確認されれば避難することになっており、国の指示で避難することになれば、近隣住民たちが在宅の高齢者らをマイカーに相乗りしてもらい避難させるのだという。

区長たちの口は重かった。会ってくれない人がほとんどだった。なぜ口が重いのか、よくよく話を聞いてみると、マイカー相乗り支援を地域で請け負う形にはなっているが、実際のところ、それぞれの近隣住民たちがどこまで責任をもった行動が取れるか、区長として確信をもてないところがある、という事情があるようだった。かといって、「マイカー相乗りの実効性には疑問符が付く」と本音を漏らそうものなら、その本音が独り歩きしてしまい、区長としての責任感や指導力のなさ、地域の絆の弱さと結び付けられて非難されかねない。区長としてマイカー相乗りをお願いしている立場上、相乗りを引き受けてくれた住民たちから

「自分たちは信用されていない」と疑われるのも困る。このように、区長にとってマイカー相乗り支援のとりまとめは微妙で、機微に触れるものを含んだ務めであり、やっかいな宿題なのだ。そして、そのことは、裏返せば、地域住民による要援護者の避難支援の限界を強くにじませている。

以前、別の取材をしたことがあり面識があった、ある区長は、匿名を条件に取材に応じ、「パニックの時、一般市民が要援護者のことを十分に考えて行動できるだろうか」と語った。一般市民は事故時に自分の家族の安全を最優先に考えるのは無理もないことで、放射性物質の拡散が疑われる情報があるなら避難指示が出ていなくても自主避難する人たちが相次ぐ可能性は否めない。だからといって、区長として自主避難しようとする近隣住民を引き留めて、マイカー相乗りの仕事を強制することなどできない。そのような法的権限はもとよりない。区長が引き留めたばかりに、余計な放射線被ばく被害を受けたり、複合災害の場合、二次被害に巻き込まれたりする人が出る恐れもある。

避難計画には、県バス協会による避難用バスの派遣も盛り込まれている。しかし、バスの運転手たちは半島一帯で高い放射線量が確認された場合、本当に救助にきてくれるのか、という不安もある。別の区長は会ってはくれなかったが、電話取材に対し、「(地域の要援護者の避難については)自衛隊が搬出に回ってほしい」と語った。一般市民には避難支援は荷が重く、災害救助のプロに任せた方が間違いない、という訴えだった。

私は、その後、原発事故の避難問題に詳しい東京大学総合防災情報研究センターの関谷直也・特任准教授に電話して、そうした区長たちの声を紹介しつつ、望ましい避難支援のあり方を聞いた。関谷氏は、東京電力柏崎刈羽原発がある新潟県内のバス運転手の六割が、事故時には三〇キロ圏には行かない、と答えたという同県のアンケート調査結果を紹介し、「いざという時、民間には頼れない」と指摘した。その上で、警察と消防、自衛隊の間の連携不足が絡んで入院患者らの避難支援がうまくいかず、避難指示から避難完了まで四日もかかって数十人の犠牲者を出すことになった福島第一原発事故の双葉病院事件の例を挙げて、「要援護者は、警察、消防と自衛隊が連携して搬出に回る手順をあらかじめ定めて備えるべきだ」と提案した。簡潔明快で、大切な提案だ。原発立地地域では、関係者の多くが本来、そうした支援体制を整えるべきだと分かっていても、実際は整え切れていない共通の課題であるに違いない。

私は区長たちの声と関谷氏の提案を長文の原稿にまとめ、長崎総局の担当デスクに対し、長崎県版ではなく、九州各地で読むことができる朝刊三面の大型企画「読み解く」への掲載を希望した。再稼動までにはまだ相当日にちがある二〇一八年一月下旬ごろのことだ。その後、その原稿をどう扱うのか、デスクから連絡がなく、棚上げ状態が続いた。何度か、問い合わせたが、どう扱うのか説明がなく、要領を得ない対応が繰り返される。遠距離間の電話のやり取りだから、話し込めない。そうこうしながら、いたずらに日にちがたつ。ようやく掲載方針が伝えられたのは、玄海原発の再稼働が間近になってからで、掲載先は、「読み解く」欄ではなく長崎県版だった。しかも、単発の企画記事ではなく、直前連載の一回分に取り込むのだという。結局、掲載されたのは、再稼動の三日前の二〇一八年三月二十日付朝刊長崎県版だった。

掲載先が長崎県版にとどまり残念だったが、それよりも再稼動直前に掲載が持ち越されたことが悔やまれた。再稼働まである程度、日にちがあるかたちで掲載されたなら、住民や議会、自治体から、関谷氏の提案を参考にして、自衛隊と警察、消防の連携による避難支援体制の確立を求める声が上がり、うまくいけば再稼働前に三者間の連携協議の場を立ち上げることぐらいはできた可能性はある。しかし、再稼動直前になって載っても、関係者であっても、いまさらの感が先立つに違いない。課題があるならできるだけ早く伝えて、改善を促すべきなのは言うまでもない。

原発報道に見える「ほどほど病」

実は、三〇キロ圏内の長崎県四市と同県も、玄海原発で事故が起きて避難指示が出た場合、高齢者や障害者らの避難には自衛隊の支援が必要だと考えてはいた。都道府県知事などの要請を受けて自衛隊が部隊を派遣する手順は法に定められており、県と四市は、あらかじめ避難計画に自衛隊の支援とその役割を明記したいと国に要望していた。しかし、内閣府の担当者は「自衛隊は実働部隊なので事故時、行けるかどうか分からない。臨機応変に対応する」として、それを断ったのだという。

国は無責任ではないか。「臨機応変に考える」というのは、「事故が起きてから、どうするか考える」と言っているようなものだ。国と自治体であらかじめ、少なくとも三〇キロ圏内の在宅の要援護者や病院、施設の入院、入所者のリストを共有しておいて、いざというときは、放射性物質の拡散状況を見ながら放射線量の高い地域に自衛隊の部隊を集中的に投入し、警察、消防と事前の役割分担に応じて要援護者を救出するという、おおざっぱなシナリオを避難計画に織り込むくらいのことが、なぜできないのか。突き詰めて考えてみれば、そうした「出たとこ勝負」とも言えそうな国の構え方は、エネルギーの安定供給を大義名分に、憲法が保障する国民の「生命権」「生存権」を踏みにじる、現代の民主主義国家としてはあってはならない蛮行に思えてくる。

能登半島地震を受けて、自然災害と原発事故の複合災害が起きたときの住民避難問題があらためてクローズアップされている。志賀原発の三〇キロ圏内では家屋の倒壊・破損や土砂崩れなどによる避難道路の通行止めが相次ぎ、孤立集落も続出した。仮に、志賀原発で放射性物質の放出事故が起きて避難指示が出る事態となっていたら、多くの人たちが避難もできず、屋内退避もできずに、無防備な状態でとどまらざるを得ず、大量の放射線被ばく被害に遭う惨事になったのではないか。そんなことは、防災専門家でなくとも分かることだ。原発の多くは、能登半島のような半島やへき地に立地している。玄海原発の場合も同様で、東松浦半島の先端部に原発は立地し、その三〇キロ圏にかかる長崎県側で言えば平戸市の平戸島、中でも大久保半島や松浦市の鷹島、福島、離島の壱岐市など、避難路が限られる地域が各所にある。そうした地域で大地震が起きて原発から放射性物質が放出されたら、大きな被害が出るのは明らかではないか。

原発を動かしたい国側は、原子力災害対策上、最悪の事態を想定したがらないという面がどこかにないだろうか。たとえば、能登半島地震の後、原子力規制委員会は、複合災害での屋内退避のあり方について、原子力災害対策指針の見直しを検討することになった。指針では、重大事故が起きたら、原発から五キロ圏内の住民は避難し、五キロ〜三〇キロ圏内の住民はいったん屋内退避することになっているが、見直しを検討するのは、どんな状況になったら、屋内退避を解除したり、避難に切り換えたりするのか、目安を考えるのだという。率直に言って、そんなことさえ詰めていなかったのか、と半ばあきれてしまう。地震でほとんどの家が壊れてしまう最悪の事態にあっては、屋内退避は成立しない。言い換えれば、原発を動かす前提で指針を整えるのだから、「屋内退避が成立しない最悪の事態は想定したくない」ということになっていなかっただろうか。

裏返せば、原発事故の避難計画というものは、最悪の事態を想定し万全をめざして練り上げようとすればするほど、その問題点が次々に浮かび上がってきて、収まりがつかなくなる。だから、国から避難計画づくりを迫られる自治体は、最悪の事態を想定しない前例、通例に従って一応の計画を整えざるを得ない。国側もまた、そうしてつくられた自治体の避難計画に対して、最悪の事態を想定してその問題点を洗いだし改善を促そうとはせず、チェックはほどほどのところで止めておいてとにかく原発を動かそうとする。そこには、いわば、原発運転ありきの「原発災害対策ほどほど病」という症状がうかがえる。

新聞などマスコミ側も、原発報道をめぐる「ほどほど病」にとらわれていないだろうか。

玄海原発再稼動をめぐる要援護者の避難支援の問題を取材した私の経験を振り返れば、地域住民によるマイカー相乗り支援というかたちを整えて自治体側が避難計画をつくり国がそれを了承したとしても、最悪の事態を想定すれば、その実効性は心もとない。救難救助のプロが駆けつける段取りがないと、住民の不安はぬぐえず、いざというとき無事に避難するのは難しいことは明らかだ。だから、原発を動かそうとするなら、周辺地域に放射線量の拡散状況をすばやくつかむ観測体制をきちんと築いた上で、自衛隊が警察、消防と要援護者の居住情報を共有する仕組みを整え、いざとなったら自衛隊を高線量地域に送り込み、残された要援護者を救出する、というくらいの備えは最低限、求められる。国と大手電力は原発を動かす側の責任でそうした支援体制を整えるべきなのだ。要援護者の避難の責任を半ば周辺住民と自治体に押し付けて、自衛隊の派遣のあり方は「臨機応変に考える」とあいまいにしたまま、とにかく原発を動かすというようなやり方は、間違っている。

西日本新聞は、玄海原発再稼動をめぐって、地域住民の命と健康に関わるそうした重要な課題に正面から向き合い、国と九州電力に改善を求める報道を十分にできただろうか。再稼働直前になって、そうした課題に触れる記事をいくらか並べてみせても、地域住民には、それは「やってる感」の演出というか、アリバイづくりというか、九州の言い回しでは「帳面消し」というふうに映っても仕方がない。原発報道をほどほどのところで止めておいて、最終的には事実上、原発運転を容認し、市民側の願いを置き去りにする。そうしたありようは、「原発報道ほどほど病」と呼んでもあながち的外れではない。それは、根っこのところで、国の「原発災害対策ほどほど病」とつながっていると、疑がわれても仕方がないだろう。

第三章　本社で再生エネ特集面づくり

宮崎県日之影町で小水力発電ルポ

玄海原発が再稼働されて間もない二〇一八年四月、平戸支局から福岡市の本社・都市圏総局に転勤した。ちょっと武者震いするような気持ちだった。脱原発、再生エネ拡大の立場から何らかの記事を書き続けたい、西日本新聞社の株主であり利害関係がある九州電力への配慮から書く上での「限界線」のようなものが示されるのなら、あえて、そこに踏み込んだ原稿を書いて、社内外に議論を起こしてみよう、と考えた。新聞社が国民の間に根強い脱原発の民意に背を向け、国と九州電力の方を向いて紙面をつくるのは報道機関としては決してよいことではない、という思いは、平戸支局でのにがい経験から揺るぎないものになり、熱量を増していた。

本社で最初に所属したのは都市圏総局で、遊軍記者となった。本社編集局では、一般記事を書くライターの立場を与えられたただ一人の再雇用記者だった。どの記者クラブにも所属せず、特に担当分野もない。独自に面白い記事を書けということだと理解していた。事実上、社内フリー記者という処遇であり、脱原発などの独自テーマを書きつなぐには願ってもない環境だった。ただ、何をどう書くか、知恵を絞る必要があった。九州電力本店や玄海原発、川内原発とその周辺自治体など関係先にはそれぞれ現役世代の担当記者がいるから、そうしたところに踏み込んで、一から書く材料を探して歩き回るわけにはいかない。

そこで、よく試みたのが、ドキュメンタリー映画を入口に脱原発、再生エネ拡大の領域に分け入って、書く題材を絞り込み、監督や登場人物らの取材を通して書き込む、というやり方だ。平戸支局の前に勤務した文化部（後のくらし文化部）で映画を担当し、福島第一原発事故関連のドキュメンタリー映画を数多く取り上げた時期があった。配給会社に知り合いができていたから、気になる作品の公開情報があると、試写用ＤＶＤやオンラインデータを送ってもらってチェックし、何か書けないか、考えた。

最初に取り上げたドキュメンタリー映画は、「おだやかな革命」（渡辺智史監督）だった。再生可能エネルギー発電を手がける全国各地の地域住民や地域の新電力、生協などの活動を現場からリポートする作品で、東京の小規模映画館「ポレポレ東中野」でドキュメンタリーとしては異例のヒット作となっていて、若者もよく見に来ていると聞いて、さっそくＤＶＤを取り寄せた。福島第一原発事故の後、福島県内で再生エネ事業を始めた地域電力二社「会津電力」「飯舘電力」をはじめ、集落存続を目指して全戸出資で小水力発電に取り組む岐阜県郡上市の石徹白集落、秋田県にかほ市で地元農家らと連携して風力発電を手がける首都圏の生協の人たち、温泉施設の燃料を重油から木材に変えるなど森林資源を生かしたビジネスに取り組む岡山県西粟倉村など、顔ぶれは多士済々だ。経済合理性だけに縛られず、豊かな自然の中で暮らし、地域ぐるみの事業を通じて地域の絆を結び直し、ひいては誇りや心の豊かさも生み出していく。そんな再生エネの可能性が伝わってくる。

独自テーマの題材を探しあぐねていた私は、これだ、と思った。渡辺監督にインタビューし、映画紹介記事を書いて、二〇一八年五月に「地方と再生エネ　映画に／『おだやかな革命』福島原発事故後描く」という見出しで夕刊社会面トップに掲載された。その後、九州の再生エネの先進地を探し始める。特集面を確保し、九州の現状を書こうと思った。

まずデータ調べに取りかかり、九州電力に取材を申し込んだ。九州電力は、新規に再生エネ発電事業を始めようとする個人・団体による九州電力の送配電網への接続申請を受け付けて、接続するかどうか決めている、いわば公的機関であり、再生エネをどこまで増やすのかカギを握っている存在だった。その申請件数と実際の接続件数の推移を見れば、九州の状況が分かるはずだ。九州電力が接続を認めず起業断念に至った件数が分かれば、全体的な再生エネ起業の勢いがどの程度あるのか、分かると同時に、その勢いが九州電力の送配電網の運用によってどの程度、削がれているのかうかがい知れるだろうと考えた。

以前見たドキュメンタリー映画「日本と再生　光と風のギガワット作戦」（河合弘之監督）が、そうした取材のもとになった。映画の中で、飯田哲也さん（認定NPO法人・環境エネルギー政策研究所所長）が、「大手電力の送配電網の運用のあり方に問題があり、それが再生エネの発展の壁になっている」と指摘する場面があり、いつか九州電力ではどうなのか、確かめようと思っていた。それまで西日本新聞の紙面では、そうした切り口の記事が出たことはなかったから、この機会に紙面で問題提起して、議論を起こしたかった。

しかし、いきなり壁にぶつかる。九州電力の担当者に会って、その接続申請件数と実際の接続件数のデータの提供を求めたところ、あっさりと拒否されてしまうのだ。なぜ、非公表なのか、理由の説明もない。「そのデータは出さないことにしている」という一点張りである。私は「（地域電力供給に関わる）公益情報だから、開示するのは公益企業である大手電力の義務ではないか」などと、あれこれ公表を促すが、通じない。結局、何も取材できないまま、引き下がらざるを得なかった。公益企業から、これほどあからさまな取材拒否に遭ったのは、長い記者人生でも初めてのことだった。送配電網の運用という公的な仕事を担いながらデータを出してその現状を説明しない、などということはありえない。やはり、出したら九州電力にとって都合が悪い情報だったのだろうか。

先進地として取材するのは、先人たちが山腹に築いた農業用水路の水を谷に落とす形の小水力発電に集落ぐるみで取り組む宮崎県北西部の農山村、日之影町大人（おおひと）集落に決めた。九州大学卒業生らがつくる小水力発電コンサルタント会社「リバー・ヴィレッジ」（福岡市西区）の支援を受けて発電専門農協をつくり、全世帯の六割を超す五十三世帯が出資していた。一人ひとりの出資額を小口にし出資者を増やした。もともとは集落の高齢化が進み、延長約一〇キロに及ぶ水路の清掃など維持管理が難しくなっていることから作業員を雇う費用を捻出するのがねらいだったが、すでに固定価格買い取り制度を通じて一定の売電収入を確保していた。「リバー・ヴィレッジ」は、将来は町内外の他の発電施設と連係させて集落のエネルギー自給体制をつくり上げ、過疎化の流れを反転させたいという。山腹水路は集落の過疎化が進めば将来世代には維持管理がやっかいな「負の遺産」になる恐れもあったが、水路に新たな価値が生まれ、集落の経済的な支えになった。集落の人たちの表情は明るかった。

特集面は二〇一八年七月十七日付朝刊に掲載された。大人集落ルポと、農山村の再生エネ事情に詳しい藤本穣彦・静岡大学准教授のインタビュー記事、経済部に依頼したサイド記事「九州の再生エネ事情」の三本立てだった。

この特集面の企画案は、実は、最初は所属長から門前払いされた。相談すると、当時開催中だったサッカー・ワールドカップ関連の特集面を数多く展開している事情を上げて、「紙面確保は難しい」という。紙面確保へ編集部門に問い合わせしてみる気配もない。私はあきらめなかった。自ら直接、編集部門に当たってみると、近いうちに一ページなら特集面を確保できることが分かった。企画案の内容に賛同し、紙面編集にも協力していいという。その旨を伝えると、後ろ向きだった所属長も企画を受け入れた。

特集面づくりをあきらめなかったのは、この大人集落を取材してみて、再生エネはうまく活用すれば過疎地の行き詰まりを打開するゲームチェンジャーになり得るのではないか、と感じていたからだ。私はそれまでの地方勤務時代、各地の過疎地を見てきたが、それぞれ地域振興に努めているにもかかわらず過疎化に歯止めをかける手立てはなかなか見いだせないのが実情だった。この機会に再生エネの可能性を広く伝えて、起業機運を盛り上げたいと思っていた。脱炭素化へ向かう世界の潮流は、そうしたチャレンジを後押しするに違いない。

もう一つは、九州電力の送配電網の運用のあり方しだいで、再生エネをもっと増やすことができる、というからくりを読者に伝えたかった。九州電力が原発や石炭火力の発電量を減らせば再生エネの拡大の余地はさらに広がり、逆に九州電力が原発や石炭火力を手放そうとしないなら再生エネはそれほど増えようがない、という、当たり前のからくりに、あらためて目を向けてほしかった。しかし、先に書いたように、再生エネの接続申請件数と実際の接続件数を取材しようとしたが、九州電力はデータ公開を拒否した。そこで頼ったのが経済部だった。日ごろから九州電力に出入りする経済担当記者にならある程度は取材に応じる可能性があると期待した。経済部デスクに「九州の再生エネ事情」の出稿を依頼する際に、「できれば（再生エネの）申請・接続件数を取材し原稿に織り込んでほしい」と頼んでみていた。

しかし、結局、経済部の原稿にそれらのデータはなかった。やはり、取材は難しかったようだ。特集面の大刷り（試し刷り）が上ったとき、私が経済部のデスクに対し、大手電力の送電線運用のあり方が再生エネ拡大を妨げているという指摘が識者の間にあることを話し、「できれば（再生エネ接続関連データを）織り込んでほしかった」と言った。今回は見送っても、その後の取材課題と受け止めておいてほしかった。その際、さらに、それらのデータをかたくなに公表しない九州電力の広報姿勢を批判し、「西日本新聞として九州電力が株主だからとそうした広報姿勢を許すようではいけない」と自省を込めて言った。大部屋の編集局の一角で、所属長も同席していた。かなり大きな声でそうした主張をしたのは、周囲に聞いてもらい、九州電力との関係と報道のあり方を考えてほしかったからだ。

それでも、特集面では、農山村振興をめぐって「電気の地産地消は時代の潮流だ」と唱える静岡大学の藤本氏のインタビュー記事の中に、「(大手電力は再生エネの)送配電網への接続を制限したり、買い取り量を抑えたりする場合がある」という問題提起を織り込んでもらうことはできた。

その特集面について、会社側がどう評価したのかは分からない。ただ、それからずいぶん後になって、当時の所属長がその特集面づくりをめぐる私の業務状況について、「独断で他部署とやり取りをする」「偏った自説を頑なに通そうとする」などと問題視し、私の人事処遇に「適正な判断を」と求める上申書を編集局上層部に上げていたことを知った。「偏った自説を頑なに通そうとする」というのは、特集面の大刷りをはさんで、私が経済部のデスクや所属長らに、大手電力の送電線運用や九州電力の広報のあり方を批判したことを指しているのは間違いないだろう。上申書には「(経済部の)原稿にケチをつけ、『九電とわが社の姿勢が問われているんだ』と言い出す始末」とも書かれていた。

所属長はやはり、その特集面はつくらせたくなかったのだろう。その紙面が良かったのかどうか、一切語らなかった。この特集面づくりを境に、独自取材、執筆をする私に対する締め付けが徐々に強まっていった。九州電力に対する批判的な紙面や言動は、新聞社の上の方からこちらが思う以上に敏感にとらえられ、抑え込まれるものなのだろう、と痛感していくことになる。

トラブル相次ぐ、「脱原発」から遠ざかる

大人集落ルポなど再生エネの特集面づくりの後、それまでほとんど放任状態で自由な取材が許されていたのが、しだいにそうはいかなくなっていく。

関連資料を読み込んだりDVDなどで映画の内容をチェックしたりして取材、執筆に日にちをかける私の仕事の進め方に対し、周囲から横やりのようなものが入り始めて、ちょっとしたトラブルが起き始めた。それが目立ち始めたのは、水俣病第一次訴訟の原告患者とその家族らを撮ったドキュメンタリー映画「水俣―患者さんとその世界」の監督、土本典昭さんの没後十年にちなむ独自企画（二〇一八年秋、文化面に大型企画、九州版に上下二回連載）の準備を始めた一八年夏ごろからだった。

たとえば、私の前の席の若い記者が朝、出勤直後からスマホで将棋ゲームをしてみせたことがあった。こちらから挨拶しているのに、こちらに目を向けることなく、延々とスマホをいじっている。無礼ではないか。完全にこちらを無視している。机でバンと音を立てて、何

のつもりだ、と怒ってみせた。それでも、スマホゲームは続行された。その記者は、パソコンで映画を見て登場人物の発言などをチェックする私の仕事のやり方に対する当てつけで、スマホゲームをしてみせたのだろうか。

アルバイトの若者がわざわざ私の前の机に歩み寄って山積みの古新聞を抱えてどさっと音をたてて落としてみせることもあった。こちらはパソコン作業中で、非常に驚いた。注意するが、知らぬ顔をしている。そうした周囲のいじりとそれに対する応酬が相次ぐのである。そのうち、私は周囲から浮き上がり、孤立していった。

デスクとの関係も難しくなっていった。預けた原稿が掲載されず、棚上げ状態になることがあった。掲載を催促するが、棚上げが続く。こちらの原稿の内容の問い合わせさえなく、その原稿がいいのか悪いのか、どう扱うのか、一切伝えられないで放置されるということも何度かあった。私は本気で怒り、抗議した。すると、しだいに、デスクたちの間に私を敬遠する空気が広がっていく。

確かに、都市圏総局のデスクは日々の原稿処理に追われ、こちらの独自原稿を見る余裕はあまりなかったのは事実だろう。そうした事情を察した上で、私はくらし文化部や編集部門など他の部署のデスクに直接相談して文化面や娯楽面、夕刊一面などに原稿を受け入れてもらっていた。しかし、そのように都市圏総局の縦割りの枠を超えて原稿の受け入れ先を探す私の仕事の運び方を、所属部のデスクに対する「裏切り」であるかのように言い募って、抑え込もうとするデスクも出てくる。所属長は、私に対し、デスクの依頼に応じてイベントや街ダネなど福岡都市圏版向けの記事を書くように指示してきた。取材依頼で本社を訪ねる人があったり、取材依頼のファクスが届いたりしたら、私が対処するよう求めてきた。自由放任から締め付けへの方針転換だった。

こうした経緯をたどって、脱原発、再生エネ拡大という独自テーマに腰を据えて取り組むことはいよいよ難しくなっていった。所属長やデスクらの意向に沿うように、九州版や福岡都市圏版向けに記事を出すように心掛けた。これはという独自テーマの記事を出したいときに受け入れてもらうには、そうして日頃から地ならしをしておかなければならない、今は雌伏の時だ、と自らに言い聞かせた。新元号・令和ゆかりの万葉歌人大伴旅人の作品と足跡を取り上げた連載を書いたり、人気を集める上川端商店街の八百屋兼食堂や室見川の浄化に取り組む市民活動を紹介したりした。

そんな中、福島第一原発事故に関する刊行物や映画を紹介するというかたちで、脱原発に関わる記事を書きつないだ。フォト・ジャーナリストの豊田直巳さんの「フォト・ルポルタージュ　福島『復興』に奪われる村」（岩波書店）の刊行や、被災者十四人の証言を集めたドキュメンタリー映画「福島は語る」（土井敏邦監督）、双葉町伝統の双葉盆唄の継承に立ち上がった人たちを記録した同映画「盆唄」(中江裕司監督)の公開に合わせて、作者や監督に電話インタビューを試み、紹介記事を書いた。いずれも夕刊一面か夕刊娯楽面のトップに掲載された。

こうして都市圏総局勤務は一年半で終わった。所属長はその後、編集局長に出世していった。私に対する締め付けは、ひとえにその所属長の個人的な判断だけから出てきたものではなかったのだろう。

第四章　ウェブ連載「あの映画　その後」

コロナ禍で訪れたチャンス

二〇一九年九月、都市圏総局から、ウェブ向けの記事を扱うクロスメディア報道部に異動した。私の担当は演劇や映画などエンタメ関連記事の取材、執筆だった。部長の指示で、福岡都市圏の地元劇団の舞台を週一回のペースで取材し、劇団紹介とともに劇評を書くのが、ルーティンワークになった。どの劇団を取材するのか、そこはどんな劇をやってきたのか、など下調べする手間を含めると相当に重たい仕事だった。脱原発、再生エネ拡大という独自テーマの方にはなかなか手が回らず、都市圏総局のころよりさらに状況は厳しくなった。

そうした状況を一気に変えたのが、二〇年一月からの新型コロナウイルスの感染拡大だった。劇団公演は相次いで上演中止となり、映画館の上映自粛も重なって、日頃の取材先を失う格好になった。私にとってはそのピンチは、脱原発、再生エネ拡大の路線に引き戻すチャンスだった。そして打ち出したのが、ウェブ連載「あの映画　その後」（シリーズ全四部、二〇年二月〜七月）だった。文化部（後のくらし文化部）時代に紹介したことがある、福島第一原発事故関連のドキュメンタリー映画の中から印象に残った作品を選び、監督や登場人物らのその後の歩みと今の思いをインタビューする企画だ。取り上げるのは過去作だから、コロナ下の上映自粛は関係ない。志のようなものは持ち続け、思いをつないでいけば、チャンスがくることがあるものなのだ。連載で、同事故と原発問題について書きたいと思っていたことをすべて書いておきたいと気合が入った。

連載案を練り始めたのは、福島第一原発事故から十年目を迎えようとする二〇年一月。コロナ感染拡大の中、政府が「復興五輪」と呼ぶ東京五輪を開くのかどうか、注目されているころだった。当時の安倍首相は「東京五輪を通じて、福島の復興を世界に発信したい」と重ね重ねにアピールする一方で、避難者支援は縮小に向かっていた。福島の人たちの間では、国は五輪開催を区切りに事故の幕引きに向かうのではないか、と懸念の声が上がっていた。まだ多くの人たちが元の住まいに戻れず避難生活を続けている。自殺者など震災関連死もなお相次いでいる。連載を通じて自分ができる限り、そうした福島の人たちの声を聞き、そうした実情をいくらかでも伝えて、国に待ったをかけなければならない、という思いがまずあった。

取り上げたドキュメンタリー映画は、「遺言　原発さえなければ」「サマショール　遺言　第六章」（豊田直巳、野田雅也両監督）と、「福島は語る」（土井敏邦監督）、「日本と原発　四年後」「日本と再生　光と風のギガワット作戦」（河合弘之監督）という五作品だ。

「遺言　原発さえなければ」「サマショール　遺言　第六章」は、事故直後から福島に入った、ともにフォト・ジャーナリストの豊田さんと野田さん（福岡県久留米市生まれ）が、伴走するかのように撮り続けてきた酪農家、長谷川健一さんら飯舘村の人たちを中心に、事故直後の混乱から避難生活、そして避難解除による帰還、という一連の歩みを記録した作品だ。映像に臨場感がある。憤りや悲しみ、悔しさ、苦しみ、そして、それでも前を向こうとする心を、さまざまな場面にのせて映し出す。長谷川さんが、酪農仲間が前途を悲観して自殺したという訃報を受けて現場に駆け付けるときも、豊田さんが同行してカメラを回している。現場の倉庫の壁に書かれていた「原発さえなければ」という遺言が、映画の題名になった。

「福島は語る」は、土井監督（佐賀県小城市生まれ）が事故後、数年かけて取材した福島の百人以上の人たちの中から、十四人を選んでその証言を収録したロングインタビュー集だ。土井監督は時間をかけてカメラを回し続けて、ダメージの核心ともいうべき心の叫びを引き出していく。子どもと自主避難し夫との関係が悪化し離婚することになった女性。避難先で補償金をめぐる差別的な言葉を投げかけられ傷ついたという女性。避難先で石材業の後継者だった二男が亡くなっているのを発見したときのことを初めて語り始めた男性。人々はそれぞれ、延々と当時のことを話し続ける中で、ふと、それまで抑え込んできた思いを抑えきれなくなる一瞬が訪れ、セキを切ったように涙とともにあふれ出させる。

「日本と原発　四年後」「日本と再生　光と風のギガワット作戦」はともに、脱原発派弁護士のリーダー格である、河合弘之さんが監督を務めている。各地の原発差し止め訴訟や福島第一原発事故の避難者訴訟、東京電力旧経営陣をめぐる株主代表訴訟など、数多くの「原発訴訟」に関わっている。

「日本と原発　四年後」は、なぜ福島第一原発事故が起きたのか、東京電力と政府は事故にどう対応したのか、映像とデータなどで検証する。河合さんによる関係者や識者へのインタビュー、ホワイトボードを使ったレクチャーを通して、原発の「安全神話」を生んだ「原子力ムラ」の利権構造や、核燃料サイクルの破たん状況、原子力規制委員会の規制のあり方、地震多発国の原発リスク、事故対応や廃炉の費用も含めた原発の高コスト事情など、原発を取り巻く諸問題を解説する。脱原発をめぐる代表的な主張や見解をそろえた内容と言えそうだ。脱原発を求める市民はその理論的な支えを見いだすことができるだろう。大飯原発の差し止めを命じた福井地裁判決や、高浜原発の差し止めを命じた同地裁の仮処分決定、東京電力旧経営陣が強制起訴された刑事裁判など、司法の動きも紹介している。

「日本と再生　光と風のギガワット作戦」は、監督の河合さんと、制作・監修を担当した飯田哲也さん（認定ＮＰＯ法人・環境エネルギー政策研究所所長）が、ドイツやデンマーク、米国、中国など再生エネ先進地の発電現場とその関係者を訪ね歩き、インタビューを重ねながら、化石燃料と原発から再生エネへとエネルギー転換が進む世界の潮流を見せつけてくれる。日本各地の先進的な取り組みも数多く紹介する。小規模な再生エネ拠点を分散立地させるメリットや再生エネ拡大による経済波及効果、日本で再生エネ導入の壁になっているという大手電力の送配電網の運用問題などについて、識者インタビューとホワイトボードによるレクチャーを通じて解説している。発電量が天候に左右されるという再生エネ不安定論に対して、再生エネをネットワークで結び、送配電網には再生エネの電気を優先して流し不足する分を他電源で補うことで電気の需給調整をする、欧州の電力システムを紹介して、反論する場面もある。

ウェブ連載「あの映画　その後」は、これらの映画をもとに、福島第一原発事故はどれほど福島の人たちを痛めつけたのか、避難者らへの支援は十分なのか、事故の教訓は生かされているのか、事故後も原発にしがみつく国のエネルギー政策に問題はないのか、映画の監督や福島の避難者らへの取材を通じて、あらためて深掘りしてみたものだ。事故を知る世代には、当時感じた衝撃や憤り、怖れのようなものに引き戻され、日本の現在地とこれからについて、あらためて考えるきっかけにしてほしかった。事故を知らない世代には、国と東京電力の事故責任を問う避難者ら被害側の目線から、あの事故は何だったのか、その実相のいくらかに触れて、問題意識をもってもらいたかった。

脱原発、再生エネ拡大の旗印をはっきりさせて書きつなぐ連載である。編集局に福島第一原発事故の前のように脱原発の主張をタブー視する雰囲気が戻ってきているように感じる中にあって、相当のリアクションがあるだろうと覚悟していた。原稿が棚上げされたり、ボツ扱いにされたりした平戸支局時代の経験がある。実のところ、上の方から連載をやめさせようと、あれこれと横やりが入ってくるかもしれないと身構えていた。不当な横やりだったら、声を上げて事態を公にし、議論を起こして周囲の良識に働きかけ、編集局の世論を味方につけようと考えていた。一人で問題を抱え込んでいたら、つぶされかねない。

幸いなことに、「あの映画　その後」の連載中、ストレートに横やりが入ることはなかった。原稿棚上げやボツ扱いもなかった。掲載されたのが本紙（紙媒体）ではなく、有料化前で固定読者が未開拓のウェブだったから、見過ごされたのかもしれない。当時は、ウェブ記事のすべてに目を通す社員はそういなかっただろう。一般読者ならなおさらだ。原発推進の立場にある読者層が、何か言ってくることもそうはなさそうだった。

クロスメディア報道部の部長は、企画の趣旨を理解し、福島や東京への出張申請を快諾した。過去、同じ筑豊総局管内で働いたことがあったデスクとは、原稿をはさんで率直なやり取りができた。労を惜しまず、部長や他部との調整にも取り組んでくれて、こちらが思うような記事を出すことができた。ただ、読者の反響が届かない。連載中、本紙の大型コラムに連載のさわりのところを書き込んでウェブに読者を誘う工夫をしたから、内外である程度は読んでもらえるようになっていったようだ。

職場で取材、執筆中に、連載への感想がそれとなく背後から聞こえるようになった。「脱原発の中心人物たちが登場している」「よく取材している」などと評価する声はあった。しかし、牽制球や警告を含んだような言葉が投げかけられることの方が多かった。記事で発言を紹介しようとする人物を指すのか、私を指すのか、「アカですよ」というワンフレーズがあった。脱原発の考えがあたかも過激な極左思想であるかのように決めつけるように聞こえた。「原発賛成側の意見がまったく載っていないではないか」という声も聞いた。「連載は(映画の内容の)コピーですよ」という中傷があれば、「(福島や東京に)出張しすぎ」という声もあった。そのようなネガティブなワンフレーズに、編集局の大部屋がざわつく場面もあった。連載が進むにつれて、逆風を感じるようになった。雑音にまみれながら、雑音の背後にこの新聞社のありようが像を結んで、私の前に立ちはだかっているようだった。

エンタメ系連載の指示　取材抑制ねらいか

ウェブ連載「あの映画　その後」が終わって間もなく、私は部長から、福岡ゆかりの映画を紹介するエンタメ系ウェブ連載「フクオカ☆シネマペディア」（二〇二〇年九月～二一年十月）を担当するよう命じられた。監督や主要な俳優が福岡出身であったり、映画の舞台が福岡だったりする映画を複数見つけ出し、ＤＶＤを借りて見た上で、紹介作を決めて、週一回、映画評を書く、という日々が始まった。相当手間がかかる仕事だった。おのずと、脱原発、再生エネ拡大という独自テーマの取材から遠ざからざるを得なくなった。

部長が私に「フクオカ☆シネマペディア」を担当させたのは、独自テーマの取材を抑えるねらいがあったと知ったのは、退社後だった。私が失職後、申し立てた労働審判で会社側が提出した文書（当時の部長の陳述書）に、「(吉田さんが書く原稿が自らの）関心の高い再生可能エネルギー問題をテーマにしたものに偏ったり、何かにこじつけて原発事故の被災地に行ったりしていたことがあったため、これを抑える必要があった」と書かれていた。「何かにこじつけて原発事故の被災地に行った……」というのは、「あの映画　その後」をめぐる福島出張のことであることは間違いないだろう。連載当時、部長は私を全面支援してくれていたから、ちょっと驚いた。連載中か、その後、上の方から何らかの意見や注文が届いて板ばさみになり、軌道修正したのかもしれない。

「フクオカ☆シネマペディア」を担当してからも、私は映画を担当する者として、公開映画にからめて独自テーマで何か書けないか、常にうかがっていた。たとえば、核のごみの最終処分場の候補地探しが難航する世界各地の実情を追ったドキュメンタリー映画「地球で最も安全な場所を探して」の公開時には、作品紹介記事だけではなく、反原発派の元京都大学原子炉実験所助教、小出裕章さんと原発推進派の九州大学准教授、稲垣八穂広さんにそれぞれ話を聞き、核のごみの処理のあり方などをテーマとする討論形式の企画記事にまとめてウェブに掲載されたこともある。

「フクオカ☆シネマペディア」の記事は、ここぞというときにさっと独自取材に動くことができるよう、書きためておくようにしていた。二一年五月ごろ、福島第一原発事故で帰還困難区域指定の立ち入り規制が続く福島県浪江町津島の住民たちが国と東京電力を相手に起こした損害賠償請求訴訟、「ふるさとを返せ　津島原発訴訟」の一審判決が近く出る予定だと知って、現地取材を考え始めた。消えゆく津島の家々をドローンで空撮した記録映像作品「ふるさと津島」を紹介したことがあり、一度、現地を訪ねて避難中の人たちの話を聞きたいと思っていた。その映像作品に絡めれば、映画担当として出張が認められる可能性がある。そう考えて、連載のストックを数本準備した。

また、デスクや部長らから出張を受け入れてもらえるよう、地ならしもした。出張申請前に、読み応えのあるエンタメ系の独自記事や連載を出して、ウェブに貢献しておくのもその一つだった。津島取材の前に出したのは、映画「世界の中心で、愛をさけぶ」の原作者で、福岡在住の小説家、片山恭一さんのインタビュー記事だった。「フクオカ☆シネマペディア」で同映画を取り上げるタイミングで、「コロナ禍と恋愛」をテーマに話を聞いて、上下二回、ウェブで連載した。その上で、津島出張を申請したが、認められなかった。私は結局、夏休みを取って自費で取材に出掛け、ルポ記事を書き、夕刊社会面トップに大きく掲載された。

当時、クロスメディア報道部からくらし文化部への異動が決まっていて、津島から戻った直後、くらし文化部長との異動前の面談で、新たな契約業務は「読者文芸、読者投稿欄などのデスク業務」であり、「取材、執筆は契約業務ではない」として事実上の断筆を求められた。そうした経緯は、この手記の最初に書いた通りだ。

このように、ウェブ連載「あの映画　その後」を書いた後は、脱原発、再生エネ拡大をテーマにする私の独自取材は、いろいろな手だてで、事実上、抑え込まれていった。

第五章　「あの映画　その後」至言録

「放射能という怪物はすべてを壊していく」

　ここで、ウェブ連載「あの映画　その後」をめぐって、私はどんな取材をし、何を考え、どんな記事を書いたのか、脱原発、再生エネ拡大をめぐって、いま、どんなことを考えているのか、書いておきたい。福島第一原発事故関連のドキュメンタリー映画の監督や登場人物らが当時語った、脱原発と再生エネ拡大をめぐるそれぞれの訴えや問題提起は決して古びておらず、国が「原発回帰」に転じ、国のエネルギー基本計画の見直しが議論される中、いよいよ重要さを増していると思うからだ。

　連載「あの映画　その後」で最初に取り上げたのが、「遺言　原発さえなければ」「サマショー

ル　遺言　第六章」。監督の一人、豊田直巳さんに、「今の福島を象徴する場所を訪ねたい」と相談したところ、東京五輪の聖火リレーが走る飯舘村内のコースに案内してくれた。知人に一帯の放射線量を実測してもらい、リポートするのだという。当時は二〇二〇年二月、まだコロナ禍による開催延期の決定前だった。安倍首相ら政府は五輪を通じて福島の復興をアピールしたがっていたが、避難指示が解除された村域でも放射線量が高いところがまだ少なくなく、復興はまだ途上だということを多くの人に知ってほしい、という。

村内の聖火リレーコースのゴール地点とされている道の駅「までい館」に、豊田さんの知人で、独自に村内各所の線量測定を続けている村民が現れた。さっそく「までい館」の敷地で線量を測定し、村内の出発地点という村交流センター「ふれ愛館」前と、コースとなる県道に回って測定した。その村民はそれぞれの場所で測定器の線量表示画面を掲げ、それを豊田さんのカメラが映像に収めていく。「までい館」と「ふれ愛館」の線量は、国が長期的な除染目標とする追加被ばく線量（年間一ミリシーベルト、毎時換算〇・二三マイクロシーベルト）を大きく下回った。県道上はそれをやや上回ったが、一時的に走って通る分には問題ないレベルだという。さすがに、リレーの舞台はしっかりと除染されているようだった。ただ、県道脇の地面付近で測定すると、目標線量の五倍近い一・一三マイクロシーベルトだった。

村民によると、それら村の中心部はある程度、除染が行き届いているが、目標線量を大きく上回る高線量の場所や村域が少なくないという。多くの村民はそうした事情を知っているらしく、避難解除後、帰村したのは事故前の二割にとどまっている。村の復興はようやく緒に就いたばかりなのだ。ところが、五輪の聖火リレーが村中心部を走り、「までい館」や「ふれ愛館」、復興住宅など、新築間もない建物が国内外のテレビ映像で映し出されるとすれば、「聖火が走ったんだから、飯舘はもう復興しているんだ」と勘違いされかねない。その村民は、そのような懸念を口にした。

豊田さんは、聖火リレーで村の復興イメージが過剰に拡散されることになれば、被ばくによる家族の健康への影響を心配して帰村をためらう多くの避難者たちを、なぜ帰らないのか、といたずらに急き立て追い詰めることにならないか、と心配していた。「『復興、復興』と掛け声が大きければ大きいほど、（放射能汚染で思うように）『復興』できない現実や、そこに生きる人びとの苦悩し、呻吟するつぶやきはかき消されてしまうのではないでしょうか」。豊田さんはそう語った。

飯舘村の元酪農家で、ドキュメンタリー映画「遺言　原発さえなければ」「サマショール遺言　第六章」の主要な登場人物、長谷川健一さんを訪ねた。福島に行くからにはぜひ会いたいと思っていた。

人望がある地区の世話役で、事故前は酪農を手がけ、県酪連理事だった。事故後、全村避難指示を受けて、泣く泣く牛たちを殺処分へ送り出し酪農を廃業した。避難生活は六年に及んだ。避難解除後、親と妻を連れて帰村。事故前は酪農後継者の長男家族と同居していたが、長男らは子どもたちの放射線被ばくを心配して帰村しなかった。四世代八人の一家はばらばらになった。お会いした当時は、二四ヘクタールの畑でソバをつくっているということだった。

帰村したのはほとんどが高齢者で、若い後継者は戻らない。おのずと多くの農地は休耕状態になる。長谷川さんはそれら休耕地を引き受けて耕すから耕作地は広大なものになった。前年は一五トン以上を収穫し、放射線量は国の基準値を大きく下回ったが、買い手はつかず、収穫したソバは農協の倉庫で眠っている。それでも耕作を続けるのは、畑が荒れ果てて以前の村の風景が消え去っていくのががまんならないからだ、という。

ソバづくりの話を詳しく聞こうとすると、長谷川さんはすかさず言った。「マスコミがかぎつけてな、そうやってソバ作って（農地を）荒らさないようにやってる、って、すぐ（取材が）始まんだよ。俺、全部（取材依頼を）断ってる。いかにも復興してやってますよ、みたいな広告塔にはなんねえ」「（ソバ作りは）生業《なりわい》にはなんねえ」「だから、飯舘は営農でどんどん復興してますなんて書かれたんじゃ、たまったもんじゃねえ。本当の現実をとらえてほしいんだ」

ソバづくりはもともと望んだことではない。「行政の支援制度があるなら、それを使ってソバをつくり、ふるさとの農地を守る」という決断をして帰村したのである。それは原発事故によって「強いられた選択」なのだ。支援を受けたからにはソバをつくらないわけにはいかない。しかし、ソバをつくっても食べてもらえるかどうか分からない。私は長谷川さんから、あんたにはそんな福島の農業者の気持ちが分かるか、うわっ面だけ見て空疎な復興美談を書くなよ、というふうに、釘を刺されたのである。

原発事故は、酪農という生業を奪い、一家を離散させた。親しくしていた村民たちとの人間関係もおかしくなった。避難解除後、帰村するか帰村しないかで村民が分断された。帰村者は一時金や各種補助金で手厚く支援する一方で、帰村しない人に対しては住宅提供・家賃補助を打ち切る、という行政の帰村者優遇策が、村民の分断に拍車をかけた。

長谷川さんは、被災者団体の全国組織である「原発事故被害者団体連絡会（ひだんれん）」の共同代表を務めていた。村の約半数の約二千八百人を集めて、東京電力を相手に原子力損害賠償紛争解決センターに裁判外紛争解決手続き（ＡＤＲ）を申し立てて、一定の成果を上げた。同時に、全国各地を講演で回り、原発事故の被害実態を伝えた。脱原発運動に関わり、都内を含め各地のデモに参加した。

そうした闘いの先で、避難解除後の帰村を決断したことは、一部に波紋を起こす。ある事情通によると、ともに原発反対を訴えてきた人が、長谷川さんの帰村を知って、「放射能汚染地域なのになぜ戻るのか」とＳＮＳ（会員制交流サイト）で長谷川さんを非難する、という出来事があったという。飯舘村は事故前より明らかに放射線量が高い地域が広がり被ばくによる健康被害が懸念されているのに、そこに帰村してしまえば、原発事故の被害を矮小化させかねない、という趣旨で投げかけられたものだったようだ。長谷川さんは、歯がゆかっただろう。帰村するからといって、原発反対の思いは全く変わらないからだ。農地が広がる村の姿を守るために「強いられた選択」を甘んじて受け入れているという気持ちは当事者以外にはなかなか理解してもらえない。

友人だった菅野典雄村長（当時）とも、事故後は衝突するようになった。復興のあり方をめぐって意見が対立する。国、県との協調路線を取り、多額の復興予算を引き出して盛んにハコものを建設する村長と、原発反対を訴え、インフラ偏重の復興のあり方に疑問符を投げかけて、帰村者に対する医療・介護、生活支援の拡充を求める長谷川さんでは、どうしても折り合いがつかない。同じ原発事故の被害者であり、村への思いはそれぞれに熱いものを持ち合わせているのに、その思いが結びつかず、ねじれてしまって収拾がつかない。

「とんでもない放射能という怪物は、人の気持ちも人のつながりも壊していくんだ。とにかく、すべてのものを壊していく」。長谷川さんはそう語った。

長谷川さんはその取材の翌年の二〇二一年十月、亡くなった。甲状腺がんだった。事故前の飯舘での暮らしを取り戻すこともできず、脱原発の訴えもかなわず、最期を迎える無念さはどれほどのものだっただろう。その翌年の二二年十二月、岸田政権は原発政策を見直し、福島第一原発事故後の「依存度の低減」方針から、「最大限の活用」へ大転換させた。長谷川さんが健在だったら、そうした国の「原発回帰」にどんな言葉を投げかけただろうか。

原発事故によって痛めつけられた当事者だからこその強い脱原発の叫びが、事故から歳月を重ねる先で、一つ一つ失われていく。その一方で、国は、福島の声を聞こうとせず、十分な国民的な議論もなく、原発推進派の声だけ集めて、原発の六十年超の運転や新増設の容認方針に踏み込んだ。ロシアのウクライナ侵攻に伴う燃料価格の高騰を大義名分に、どさくさにまぎれて一気に駆け込んだ「原発回帰」には、「火事場泥棒のようだ」という批判の声が上がった。事故当時、多くの国民が原発周辺の人たちに犠牲を強いる原発はもうやめにしようと思ったはずだが、そのような良識や謙虚さのかけらもない。それは、原発事故で苦しみ亡くなっていった人たちの思いを踏みつけにして置き去りにするもののように思える。

「健康不安を常に抱えて生きている」

ドキュメンタリー映画「福島は語る」の土井敏邦監督は、インタビューの名手だ。福島第一原発事故で被災し、長い避難生活に多くを語ることなく黙って耐え忍んでいた人たちであっても、彼のカメラとマイクを前にしたとき、ついにはそのつらさや痛みを語らないではいられなくなる何かを、土井さんは持っている。あくまで被害者の側に立ち切る覚悟が相手に伝わるのだろう。それを信じることができたからこそ、人々は語り始める。そんな場面は一瞬しかない。

ウェブ連載「あの映画　その後」の取材で首都圏の自宅を訪ねたのは、二〇二〇年、福島第一原発事故から間もなく十年目に入ろうとする頃だった。百人以上の人たちの話を聞いてきて見えてきた原発事故のむごさとは、どんなことなのだろうか。

「人々から生きる意味を奪ったことだ」と、土井さんは語った。

「（原発事故の被害が表向き）見えなくなってますからね。一般の人は原発事故は終わったことになっちゃってるんですよ。元に戻ったことになってるんですよ。でも（被災地も被災者も）もう元には戻らない。失ったものは戻らないし、農業を何年も離れた人はもう戻れない、戻ったとしても作物がきちんと売れるか。土地を荒らさないための耕作に『食べてもらう喜び』があるわけではなく、生きる意味そのものが奪われていった」

故郷から離れて避難生活を送る中で高齢者たちが認知症になっていく。「事故までは三世代、四世代が一緒に暮らして、老人には老人の役割があった。草むしりをしたり、孫やひ孫の世話をしたり、大家族の中に見いだしていた生きる意味を、避難生活を送る中で失った。そうなった時に認知症が進行していった人がたくさんいる」「(生きる意味を失った、ということは)別の言い方をすれば『人間としての尊厳』を奪われたということ。人間として生きる意味、プライド、アイデンティティー、っていうものを奪われた。その傷は一世では終わらない。二世、三世に引き継がれていく」

事故から歳月を重ねるにつれて、「復興」の掛け声が大きくなって、被害者側が厳しい現状を語りにくくなっていく。「ずたずたにされた家族と人の心の問題はもう(外に向かって)言えない。福島は今、そういうこと、言っちゃいけない空気がある、復興(が大事)なんだから。でも、『家族はばらばらになり、生きる意味を失った者は、じゃあ、どうしたらいいんだ』と。この声は聞いてほしいとみんな思っているはずです」「絶対、(原発事故の被害を)終わったことにさせてたまるか、というのはありますよね。だって、その傷はひょっとしたら、これから(自殺など震災関連死として)死者を増やしていくんじゃないですか。自分の役割を失ってしまうことほど、自分の生きている意味を見いだせなくなることほど、怖いことはない。そういう、人間の生きる意味をこの原発事故が奪った、(原発を容認していた)われわれは奪ってしまった、っていうぐらいの、想像力を日本社会は持たない。それは福島だけの問題じゃなく、日本人の問題じゃないですか」

「福島は語る」を初めて見たとき、インタビューに登場する十四人の中で、とりわけ心を揺さぶられたのが、事故前、飯舘村長泥で石材業を営み、当時、福島県内の別の地で避難生活を送っていた男性の語りだった。その男性はおもむろに、事故前は石材業の後継者として共に働いていた次男が単身避難していたホテルの一室で亡くなっているのを発見したときの状況を詳しく語り始める。「きれいに、風呂も、トイレも、台所も、ぜんぶきれいにして、ベッドもきれいにして、ソファの上で横になってた」「寝るようにして、あおむけに……。ズボンもちゃんときれいにはきかえて、まあ、思い出したくないですね」「部屋の中をきれーいに、ごみ一つない状態で片付けて、横になってた、っていうのは(私はこれまで)誰にも言ってないですよ。あっ、覚悟の上だな、っていう風に、私は見た瞬間分かりましたね」

一瞬の沈黙。土井さんが「家を失い、工場を失い、長泥を失い……」と言葉をつなぐと、男性は「息子を失って……」と引き取って、心の叫びを上げる。「こんな狂った人生になっとは、夢にも思わなかった。思わなかった。今まで涙なんか流した時、ねえ。息子亡くなった後、がまんしていた。がまんしていた。自分の人生みんな、ぜんぶ自分の人生の夢は狂ってしまった」。涙がこぼれて、止まらない。

私は、くぎ付けになった。福島の人たちの心の奥にある、深く傷んだものをつぶさに突きつけられているような気持ちになった。福島の叫びだと感じた。人々から大切なものを奪った原発事故のむごさが、その語りに凝縮して現れているように感じた。

ウェブ連載「あの映画　その後」で「福島は語る」の原稿を書き進む中で、その男性の声を聞かないではいられなくなり、電話を入れた。福島第一原発事故をめぐって今、広く伝えたいことは何か、聞いておきたかった。

男性はこんな話をした。「（福島第一原発事故から）九年たって健康を害する村民が徐々に増えてるんです。五十歳から七十歳ぐらいかな。腫瘍ができたとか、手術したとか。私も昨年、大腸がんの手術を受けました。医療関係者は原発事故の影響ではないと言うんですけど、飯舘村は放射能汚染情報がすぐに伝わらず、村民の避難が遅れて特に多く被ばくしている。健康への不安を常に抱えて生きていかねばならない現実が福島にあることを知ってほしいと思います」

言葉を失った。男性はがんになっていた。多くの村域が三〇キロ圏外にある飯舘では避難指示の発令が事故の約一カ月後と遅れ、その間、多くの村民が村にとどまって、相当の線量の放射線に被ばくしたという。何ということだろうか。がん発症の不安とともに生きなければならない原発事故被災者のその後の人生の残酷さというものに目が届いていない自身のうかつさに気づかされ、恥じ入りそうになった。

連載の原稿の中に、その男性のコメントを織り込んだ。忘れてしまってはいけないことだと肝に銘じた。

その取材から約二年後の二〇二二年一月、福島第一原発事故時、福島県に住んでいた十七～二十七歳の男女六人が、甲状腺がんを発病したのは同事故による放射線被ばくの影響だとして、東京電力に損害賠償を求める訴訟を東京地裁に起こした。その記事を読んでいて思い浮かんだのは、大腸がんを発症したというその飯舘村の男性の訴えであり、二一年十月に甲状腺がんで亡くなった飯舘村の元酪農家、長谷川健一さんの姿だった。

今、原発の再稼働や新増設を訴える人たちの眼中に、がんが発症して手術を受けたり、亡くなったり、がんの発症を恐れて暮らす福島の人たちの姿はあるだろうか。事故による被ばくとがん発症の因果関係を医学的に立証するのは困難な面があるのだろうが、逆に言えば、それらの間に因果関係がないと断定できるわけでもない。因果関係の立証が難しいからと、福島の人たちの被ばくとその後の健康問題がまるでないことのように扱われ、放置されるようなことがあってはならない。原発存廃をめぐる議論はその問題を踏まえた上でなされなければならない。

「告訴で人間の尊厳を取り戻す」

ウェブ連載「あの映画　その後」で取り上げたドキュメンタリー映画の一つ、「日本と再生　四年後」をめぐっては、福島第一原発事故を起こした東京電力の旧経営陣や国の関係者らを業務上過失致死傷などの罪で告訴した福島原発告訴団の団長、武藤類子さんにインタビューした。おだやかな語り口が印象的だ。

福島県民の先頭に立って、事故をめぐる刑事責任を追及し、脱原発を訴える女性である。二〇一一年九月、作家の大江健三郎さんらを呼びかけ人に都内であった「さようなら原発五万人集会」ではマイクを握り、「福島県民は怒りと悲しみのなかから静かに立ち上がっています」「一人ひとりの市民が、国と東電の責任を問いつづけています。そして、原発はもういらないと声をあげています」「私たちはいま、静かに怒りを燃やす東北の鬼です」などと声を上げ、大きな反響を呼んだ。

武藤さんらが告訴したのは、一二年六月。告訴人は福島県民の約千三百人に上り、後には全国各地の人たちも含め一万三千人超が第二次告訴した。東京地検は東京電力と国の被告訴人たちを相次いで不起訴としたが、検察審査会は一五年七月、東京電力旧経営陣三人の強制起訴を決めた。裁判ではこれまでに東京地裁、東京高裁が相次いで無罪判決を出した。旧経営陣の刑事責任を追及する検察官役の指定弁護士はこれを不服として最高裁に上告している。武藤さんらは、強制起訴後は新たに「福島原発刑事訴訟支援団」というグループも結成し、一連の公判を傍聴して経過を伝えるなど、指定弁護士を支援している。

映画「日本と原発　四年後」では、武藤さんらが都内で、旧経営陣三人の強制起訴が決まったことをメンバーや支援者たちに報告し、その後の記者会見に臨む姿が映し出される。「本当にやっとここまできた、という思いで胸がいっぱいです」と語る武藤さん。表情には、静かな高揚感がうかがえる。

ウェブ連載「あの映画　その後」の取材で話を聞いたのは、東京地裁の無罪判決の後、指定弁護士が控訴し、控訴審の公判を待つところだった。なぜ事故の刑事責任を追及するのか、単刀直入に質問してみた。

武藤さんは告訴当時を振り返り、こう語った。「事故の後、福島の住民は不誠実な国と、無責任な東京電力の対応に怒り、悲しみ、深く傷つきました。なぜ、こんな理不尽なことが次々起きるのか考えた時に、事故の責任を負うべき人の責任が問われていないからだと気づいたんですね」「大事故があれば警察、検察は自ら動いて現場検証し、強制捜査して起訴する。それがないから、告訴という形を取りました」

東京電力（東電）の「無責任な対応」とは、どのようなことがあったのか、武藤さんは続けた。

「二本松市のゴルフ場が除染を求めたら、東電は放射性物質は『（誰のものでもない）無主物』だと主張し、除染もせず賠償もしなかった。原因企業なのに『自分たちの責任で除染しない』と言う。恐るべき無責任さに驚きました」「（被災者側との）賠償交渉では賠償の可否や賠償額を東電側で全部決めてしまう。被災者側は分厚い書類を読んで個人交渉するのは大変だから、ＡＤＲセンター（原子力損害賠償紛争解決センター）に仲介を頼むけれど、東電が和解案を拒めばＡＤＲセンターはやむなく仲介を打ち切る。それなら、と裁判にいくが、裁判は時間がかかって、亡くなってしまう人たちが出てくるんですね」

国などの「不誠実さ」は、国民の命と健康を守るという国の務めを怠っているとしか思えない事故対応をめぐって、あらわになった。一つは、事故当初、放射性物質の拡散状況を予測する「ＳＰＥＥＤＩ（緊急時迅速放射能影響予測ネットワークシステム）」の情報を隠し、多くの人たちを安全で適切な方向に避難させずに無用な被ばくをさせた、ということ。一つは、大学の専門家を「放射線健康リスク管理アドバイザー」として被災地に派遣し、一般公衆被ばく限度は法令で年一ミリシーベルトと定めているのに、「年に一〇〇ミリシーベルト被ばくしても心配ない」などと説いて回らせるという、疑わしい「安全キャンペーン」を展開した、ということ。「福島市や郡山市、二本松市などでは、『安全キャンペーン』を信じた保護者たちが事故一カ月後には自主避難先から子どもを連れて戻り、入学させたり、通学させたりしてしまった。国は緊急時の暫定値として年二〇ミリシーベルトという目安を持ち出し、学校では（事故前なら問題となる放射線量下であっても）風で砂ぼこりが舞うような屋外で、子どもたちに運動させたんですね」

「告訴を通じて踏みつけにされ台無しにされた人間の尊厳を取り戻したいと思いました。私たちの世代はこんなにものすごい量の核のごみをこの世に残し、若い世代や子どもたちに押しつけている。せめて刑事裁判で原発事故の原因と責任の所在をはっきりさせて、間違った道を直したい。それなしには被害者の完全救済はなく、本当の意味で福島の復興はあり得ない。同じような事故がまた起きかねません」

現状を見ると、国側の刑事責任については、相次ぐ検察の不起訴決定で不問にされている。民事上の責任については、各地で避難者訴訟が起こされ、それぞれ一、二審で、国の賠償責任を認める判決と認めない判決に分かれていたところ、最高裁が二〇二二年六月、そうした避難者訴訟四件の上告審で、「国の賠償責任はない」という統一判断を示している。この判断は後続の訴訟の判決に影響しそうだというが、福島の被害者の立場からすれば、国には刑事、民事とも法律上の責任は一切ないという結論づけは決して受け入れられることではないはずだ。

福島県だけで、避難者が多い時で十六万人を超え、自殺も含めた震災関連死が二千三百人以上に上る未曽有の原発事故である。原発の「安全神話」を押し立てて、事故を起こした東京電力と国に何らかの法律上の責任を負わせるのがものの道理だと考えるのが、市民感覚というものだ。そうした市民感覚とかけ離れた司法判断が重ねられるとなると、日本社会が持ちあわせる規範を損ない、社会全体を不安定なものにしないか、と懸念する。

国が法律上、すべて免責されることになるとすれば、国の原発行政に禍根を残すことにならないだろうか。岸田首相が原発の新増設や建て替え（リプレース）を検討するという方針を打ち出したのは、最高裁が避難者訴訟四件について国の賠償責任はないという統一判断を出してから、わずか二カ月ほど後のことだった。そして、その検討を始めてから四カ月ほど後の二二年十二月には、新増設や建て替えを認める政府方針を決めてしまった。国の賠償責任はないとした最高裁判決が、事故後、「できるかぎり原発への依存度を低減する」としていた国の抑制的な原発政策を「原発の最大限の活用」へ一転させる〝お墨付き〟になっていないか。判決には国への忖度が働いているのではないか。国を免責することで、原発リスクに対する国の構え方におのずと安易さや緩みのようなものを招き入れ、武藤さんが案ずるように、再び同じような事故が起きてしまう、ということにならないとは限らない。

二〇二四年に入って、国は東京電力柏崎刈羽原発の再稼動推進に本腰を入れている。能登半島地震が元日に起きて家屋倒壊や道路途絶が相次ぎ、複合災害時の住民避難の困難さがあらためてクローズアップされる中にあって、経済産業相は三月、新潟県知事に電話を入れて、再稼動を受け入れるよう説得したという。そんな地元説得よりも、現在の避難計画の実効性を再検証して国の避難支援を拡充するのが先ではないか。同地震後、原子力規制委員会は原発事故時の屋内退避のあり方について原子力災害対策指針の見直しを検討すると伝えられたが、その結論が出るのを待とうともしない。そうした前のめりの姿勢には、「免責された者」の性懲りのなさ、あるいは、ある種のおごりのようなものが見て取れるようだ。

さて、武藤さんは、なぜ原発に反対なのか、こう話してくれた。

「人の被ばくが前提の発電方法だから反対です。ウラン鉱石の採掘段階から被ばくは免れず、運転に必要な定期点検は現場の人たちが被ばくする。いったん事故が起きれば、家を失い、生業《なりわい》を失い、地域を失い、甚大な被害を及ぼす。使用済み燃料の捨て場も決まらない。さらに、再処理もできず、核燃料サイクルは破たんしている。経済優先で原発再稼働されるたびに、福島でこんなにたくさん放射能を浴びて被ばくしているのにそれが教訓に生かされないことを悲しく感じます」

「再生エネ発展阻む」送配電網の運用

ウェブ連載「あの映画　その後」で取り上げたドキュメンタリー映画の一つ、「日本と再生　光と風のギガワット作戦」をめぐっては、最初から、その映画の企画・監修を担当した飯田哲也さん（認定ＮＰＯ法人・環境エネルギー政策研究所所長）には必ず話を聞こうと決めていた。映画の中で、「大手電力会社の送配電網の運用のあり方が日本の再生エネ発展の壁になっている」と指摘した場面があり、そのあたりを詳しく聞いてみたかった。

送配電網の運用にどんな問題があり、再生エネの拡大を阻んでいるのか、飯田さんはこう説明した。「大手電力会社は系統（送配電網）の全発電所が最大限発電していると想定して送電線の空き容量を計算するので、実際には送電線にほとんど電気が流れていないのに『空き容量はゼロ』として事実上、新規事業者を締め出し自然エネルギーの普及を妨げています。

しかも送電線の使用は先着優先としており、自分のところの原発や石炭火力などの電気を優先して流す」「（需要に対し発電）電力量が多すぎると（大規模停電につながる恐れがあることから）、『出力制御』と称して自然エネの電気を排除して買い取らず、その補償もしない。そうした不明朗、不公正な運用を見直して、ＦＩＴ法（再生エネ特措法）の本来の目的『自然エネの優先接続・優先給電』を実現しないと、日本の遅れは取り戻せません」

しかし、なぜ、本来、再生エネの拡大を目指すＦＩＴ法の下にあって、大手電力（二〇二〇年四月からは大手電力の送配電子会社）の判断次第で、再生エネの新規事業希望者の送配電網への接続が制限されたり、再生エネの電気が買い取られなかったりする、という逆方向の動きが相次ぐことになったのか。飯田さんは、再生エネの「接続義務」規定を削除した二〇一七年四月施行の改正ＦＩＴ法が、そうした事態を生んだと見ていた。

「ＦＩＴ法改正をめぐる議論で、もともと制度にあった再生エネの送配電網への『接続義務』という規定を外す動きがあった時、当時の国の実務責任者は『電力自由化の趣旨に沿って（すべての接続希望者に）開かれたルールに統合するから、その規定がなくても実質的には同じ』と説明していました。ところが（一七年に改正法が施行され）ふたを開けたら、事実上、大手電力会社の原発や石炭火力を優先する仕組みに変わっていて、送電線の『空き容量ゼロ』が頻発し、自然エネルギー事業者の参入を妨げることにつながっています」「官僚が、省益と業界の利害にかなう『部分最適』にばかり目を向けて、業界の既得権益を守ってきた弊害が出ていないでしょうか。特定の『部分最適』ではなく、国民の幸福に視野を広げて『全体最適』を求める政策決定のあり方を再構築しないといけない」

福島第一原発事故後、民主党政権時代にできたFIT法が、自民党の政権復帰後の法改正で骨抜きにされ、その結果、大手電力の原発や石炭火力など既存電源を温存させる一方で、再生エネの拡大にブレーキをかけることになった。そうした事態は果たして、多くの国民が望んだことだったのだろうか。飯田さんの話を聞きながら私はそう思った。

さて、飯田さんが送配電網の運用をめぐって「自然エネの電気を排除して買い取らず、その補償もしない」と問題視した「出力制御」とは、一つの送配電網にあって電力需要に対し発電量が多すぎると大規模停電に陥る恐れがあることから、大手電力が再生エネ事業者に一時的な発電停止を求める措置のことだ。深刻な問題とされているのは、その実施件数が全国各地域の大手電力で増え続けているからだ。再生エネの発電能力をフルに使えず無駄になってしまう場面が増えていくとすれば、どうなるか。再生エネの起業意欲は尻すぼみになり、再生エネ拡大の勢いは削がれる一方だろう。

新聞報道によれば、九州電力の実施件数が最も多い。九州では日照条件が良く太陽光発電が増える一方で、九州電力は原発四基を稼働させ十分な発電量を確保できている事情があり、発電量が需要を上回る見通しとなる日が多発して実施件数が増えている。さらに、実施件数が増え続ければ、再生エネの起業の勢いが弱まるばかりではなく、既存の再生エネ事業者にとっても事業継続への不安は増すばかりである。全国ではすでに、太陽光発電施設の売却依頼が相次ぐ現象も一部には見られるという。

原発を「最大限活用」するという岸田政権時の方針に沿って、今後、再稼動する原発が相次ぐとすればそれは「出力制御」の多発につながりかねず、ひいては主力電源化をめざすはずの再生エネの拡大にブレーキをかける。原発が再稼動されればされるほど、原発の電気が再生エネの電気を押しのける形になってしまう。現在のエネルギー行政と電力システムには、そうした根本的な矛盾が横たわっているのである。

そうした矛盾を改善し、再生エネの拡大を加速させる「一丁目一番地」の手立てとして、飯田さんが提案したのは、大手電力とその送配電子会社の資本関係を解消する、いわゆる「所有権分離」の実施だった。

「大手電力各社は今春（二〇二〇年四月）、法改正に伴い送配電部門を分社化していますが、送配電会社を子会社にしたり持ち株会社の傘下に入れたりしただけ。それでは、送配電会社は親会社や持ち株会社の利害に沿って送電線を運用してしまい、中立・独立からはほど遠い」。

そうした不公正な送配電網の運用を一掃するためには、送配電会社が大手電力との資本関係をなくしてその影響下から離れ、癒着関係を断つことが不可欠であり、それを実現してこそ再生エネ拡大へ向けた基盤が整う、というわけだ。

不正閲覧、送配電網の運用問題と同根か

飯田さんの話を思い返しながら連想したのが、二〇二二年十二月から二三年一月にかけて相次いで明るみに出た、九州電力とその子会社・九州電力送配電など、大手電力系五社による新電力の顧客情報の不正閲覧問題だった。その問題の根っこには、送配電網の運用問題と同じように、大手電力と送配電子会社の癒着関係があると思うからだ。

不正閲覧とは、大手電力が送配電子会社のパソコンを通じて競争相手の新電力の顧客情報をのぞき見していた、ということだ。電力小売り全面自由化に伴い電気事業法が禁じた悪質な行為であり、経済産業省は「公正な競争を阻害する」として五社に業務改善命令を出した。同省は、九州電力については「計画的な会社の組織判断として（不正閲覧が）なされていた」と指摘したともいう。不正閲覧でつかんだ新電力の顧客情報をもとに、集中的に営業攻勢をかけて新電力の顧客を切り崩す〝闇営業〟があったのなら、公益企業としては社会に対する

背信行為と言わざるを得ず、極めて恥ずかしいことだ。

公平・中立であるべき送配電子会社が、親会社の大手電力会社の事業遂行に便宜を図り、大手電力会社は公平・中立であるべき送配電子会社を利用して自社事業に有利な状況をつくる。そんな〝親子関係〟が、公正さを欠く送配電網の運用や不正閲覧を生み出す温床になっている。

不正閲覧の再発防止をめぐって、政府の規制改革推進会議の作業部会が二〇二三年三月、大手電力と送配電子会社の資本関係を解消する「所有権分離」を速やかに実現し、情報を完全に遮断するように促す提言を出した。政府はそれを受けて、「所有権分離」の検討を盛り込んだ規制改革実施計画を閣議決定したという。飯田さんがかねてから再生エネの発展のために求めていた「所有権分離」が、遅ればせながら、政府でも重要課題と受け止められ始めているのだ。

ところが、こうした改革の動きに対し、大手電力側は災害時の連携のしやすさなどから送配電子会社との資本関係の維持を主張し、経済産業省も「所有権分離」には慎重姿勢だという。それはどこか、飯田さんいわく、省益、業界益にかなう「部分最適」という狭隘な政策判断から脱却することができない、いわば守旧派の抵抗のように見えてしまう。

不正閲覧に続き、九州電力、関西電力、中部電力、中国電力という大手電力各社の間での不正カルテル問題も発覚した。電力小売り全面自由化に背き、事業者向けなど電力販売でカルテルを結んだとして、公正取引委員会は二三年三月、九州電力、中部電力、中国電力などに対し独禁法違反で総額約一千十億円の課徴金納付命令を出した。地域独占時代の「地域割」に準じて、過去の担当地域を越えた営業をそれぞれ控えて、その権益を相互不可侵扱いにしたのが違反行為だと指摘された。経済産業省も、そのカルテル問題で九州電力など五社に業務改善命令を出している。

送配電網の運用のあり方や不正閲覧、不正カルテルという、一連の問題を見ると、かつての地域電力独占時代の「特権意識」から脱却できず、既得権益にしがみつこうとする大手電力のおごりがむき出しになっているように見えてしようがない。

おごりは広報のあり方にものぞく。九州電力は不正カルテル問題で公取委から課徴金納付命令を受けた当日、記者会見を開かなかったという。他社は社長らが記者会見を開いたのに比べれば、九州電力の後ろ向きの姿勢は明らかだ。前に書いたように、九州電力が私の取材に対し、再生エネ接続申請件数と実際の接続件数についてデータ公表を拒否したのもその一例だろう。説明責任を怠り、都合の悪い情報は出さない。そんな広報姿勢が相次ぐことになるなら、公益企業として失格と言わざるを得ない。

西日本新聞社は、九州電力と同じ福岡市に本社を置く九州のブロック紙として、九州電力に対する監視は大切な務めの一つだろう。九州電力が西日本新聞社の株主だからといって、甘い顔ばかりしているわけにはいかない。

たとえば、再生エネに対する九州電力の「出力制御」の問題について言えば、私の記憶するところでは、西日本新聞では九州電力の論理と主張に沿って解説するような記事は見たことがあるが、再生エネ拡大の立場からそうした電力の需給調整のあり方を批判したり、問題提起したりする記事は目にしたことがない。そうした記事は、通信社の配信記事に任せっきりに見える。現在、九州電力で起きている「出力制御」の多発は、原発再稼動がさらに進めば各地域の大手電力が今後、直面する可能性がある問題であり、ひいては、国のエネルギー基本計画が掲げる再生エネの主力電源化を妨げる恐れもある大きなテーマなのだから、報道機関として九州電力に正面から向き合い、どこに問題があるのか可視化して、全国に情報発信する取り組みが求められている。

再生エネ分散立地論をしりぞけた先に

ウェブ連載「あの映画　その後」の話に戻ると、ドキュメンタリー映画「日本と再生　光と風のギガワット作戦」をめぐっては、映画の中で、日本経済の立て直しへ再生エネの拡大を訴えた立教大学特任教授（慶応大学名誉教授）、金子勝さんにもインタビューした。

新型コロナウイルスが感染拡大し、ポストコロナの経済再生論が国内外でさまざまに繰り広げられるころだった。都内のご自宅を訪ねると、日本再生論「分散革命ニューディール」を熱心に語ってくれた。それは、国家戦略として再生エネと、ＩＣＴ（情報通信技術）、ＡＩ（人工知能）などデジタルの分野に集中的に投資して内需を喚起しつつ、日本を大都市一極集中から地域分散型の社会・経済構造につくり変える、という大きなビジョンだった。

金子さんがそのビジョン実現の鍵を握るとして重要視するのが、電力システム改革だった。大手電力会社が原発や火力発電など大規模施設で集中的に発電し広域給電する今のシステムをやめて、国の支援を通じて各地の市民や地元の中小企業、各種団体、自治体などの出資を引き出して、それぞれ太陽光や風力、地熱などその土地に合う小規模の再生エネ発電事業を起こし、電気を融通し合うネットワークを結ぶのだという。

国はそうしたシステムの基盤づくりに思い切った投資をしなければならない。ハード面では送配電網の拡充整備に力を入れると同時に、国家プロジェクトとして、分散立地しネットワーク化した再生エネの電気を、ＩＣＴやＡＩの技術で総合的に需給調整する日本版の送配電システムを開発する。システム開発は特定の企業群に委ねず、優れた若手人材を結集した頭脳集団に任せ、送配電システムの公正な運用につなげていく。「望ましいのは、そこで開発されたOS（オペレーティング・システム）を、日本標準の『オープンプラットフォーム』に育て上げること。その挑戦の中で、日本のICTの後れを取り戻し、イノベーションを次々と呼び起こしていく」。金子さんはそんな日本再生図を描き出した。

そのようにしてたどり着く分散型社会は、国の権限と財源を大幅委譲された自治体を中心に、人間の基礎的なニーズを地域の中で満たす。電力システムのデジタル網を活用して医療や福祉、保育の需要を的確につかんで必要なサービスを供給する。中小・零細規模の農家が農業を続けることができるように、再生エネ発電を兼業してエネルギーを自給しつつ売電収入を確保し、有機・無農薬栽培の農産物をつくる。デジタル網は農産物の需給調整に使い、農業の「六次産業化」を下支えする——。それぞれの地域が食料やエネルギーの自給態勢を整えることができれば、国際物流が途絶する国際紛争やパンデミックなど非常時に備えた国家安全保障の確保につながっていく。

日本経済はバブル崩壊後の「失われた三十年」の末に、新型コロナのパンデミックに見舞われ、難局にあったが、金子さんの再生論は、そうしたピンチをチャンスに変えるものだった。「石炭から石油、そして再生エネへ。エネルギー転換は経済効果が大きいんですよ。建物からインフラ、耐久消費財など、あらゆるものをつくり替えるきっかけになり、内需がどんどん膨らんで、新たな産業や雇用を生み出していく」。金子さんはそう力説した。

ただ、再生論には難題がある。再生論の前提となる電力システム改革として「大手電力の解体」と「原発廃止」が必要だというのだ。なぜなのか。「今の送配電会社は、大手電力会社の傘下にあって原発や石炭火力など大手電力会社由来の電気を買おうとするから、再生エネが進まない。電力会社と送配電会社を完全に解体・分離して、送配電会社を独立組織に変える。その上で、地域が投資する再生エネを優先的に接続する欧州の方式を採用すれば、再生エネへの投資はどんどん進むと思います」「再生エネが世界で爆発的に普及する中、原発はもはや『社会のお荷物』。発電をやめたとたんに巨額の不良債権になってしまう。だから簡単にやめられないのなら、国が公的資金を投入し不良債権処理すればいい。大手電力会社に新株を発行させて、国が引き受け、原発は日本原子力発電（日本原電）に委ねて廃炉を進める。筆頭株主になる国は大手電力会社と（その子会社の）送配電会社を所有権上、完全に切り離すことができますから」

再生エネ拡大を訴える金子さんの日本再生論は、コロナ禍の当時、決して例外的なものではなく、国内外で数多く繰り広げられたポストコロナ論の中で、主流の中にあったと言っていいのではないか。世界は、地球温暖化による気候変動が深刻化する中、パンデミックによる物流途絶に直面し、グローバル経済の限界を目の当たりにした。そんな状況にあって、コロナ後の経済再生には、化石燃料に依存しない再生エネの拡大を軸とした「グリーン化」が自ずと中心テーマに浮上してくる、という事情があるからだ。

たとえば、金子さんにお会いする直前の二〇二〇年四月、竹森俊平・慶応大学教授や中西宏明・経団連会長ら、政府の経済財政諮問会議の有識者メンバー四人が連名で、コロナ後の復興へ向けた提言文書「未来への変革に向けて―リーマンショック後の低成長を繰り返さないために」を提出した。それは、「持続的な成長が見込める分野」としてグリーン化とデジタル化に集中投資することが日本再生の鍵であると訴え、グリーン化をめぐっては再生エネの拡大とその基盤となる系統（送配電網）接続の増強、蓄電池などを投資先に挙げている。ちなみに、提言では、原発は一切、取り上げられていなかった。「持続的な成長が見込める分野」とみなされなかったからだろう。

その提言は、再生エネの地域分散立地を重要視し、その意義をこう強調していた。「エネルギーの地産地消の取組は、分散型エネルギーシステムの構築を通じて地域に投資を呼び込み、富と雇用を生む。災害時のエネルギー・レジリエンスにも資する。さらに、海外への資金流出を抑制し、国際情勢にも強靭な経済社会構造の構築にもつながる」。そうしたビジョンは、金子さんの日本再生論の内容と重なるところが少なくない。

ドキュメンタリー映画「日本と再生　光と風のギガワット作戦」の監督、河合弘之さんは当時、その提言をこう歓迎した。「日本の政権中枢の会議でも、再生可能エネルギーが議論され始めた。まさに、わが意を得たり。デジタル技術を生かして自然エネルギー発電網を拡大し、新しい分散ネットワーク型社会をつくる、というビジョンは映画で訴えたことです」。私も、取材しながら、そうした明るい日本の未来を予感するところがあった。

ところが、今、振り返ってみて、その後の日本の歩みは、そうした道筋を進もうとせず、停滞状態に陥っていないだろうか。大手電力が原発や石炭火力にしがみつき、電力システム改革がいっこうに進まず、再生エネの拡大へ勢いがつかない。

岸田政権は、原発に依存するばかりか、いきなり原発を「最大限に活用する」と言い出して、原発の六十年超の運転や新増設を認めた。脱炭素化へ石炭火力の廃止をめざすG7（主要七カ国）では、日本だけが、「アンモニア混焼によってCO2排出量を減らす」などとして石炭火力を手離そうとしない。つまり、今ある原発も、石炭火力も、できるだけ長く使う方向に傾いている。そうした政策は、大手電力の既得権益の擁護と経営安定には寄与するとしても、電力システム改革と経済構造の転換にはつながらないのは目に見えている。

日本経済の衰退に歯止めがかからない。世界三位だった日本の国内総生産（GDP）は、二〇二三年はドイツに抜かれて四位に転落した。二〇二二年の一人当たりのGDPはG7で最下位となり、経済協力開発機構（OECD）加盟三十八カ国中二十一位だという。福島第一原発事故後、脱原発に踏み切り、石炭火力の全廃を決め、再生エネの拡大に力を注いで再生エネ比率がすでに五割を超えたドイツが、原発、石炭火力への依存を続けて再生エネ比率が二割台にとどまる日本のＧＤＰを追い越す、という現実は何を表すのだろうか。

人類史上、未曽有の原子力災害である、福島第一原発事故を当事国として経験しても、バブル崩壊後の長い経済停滞の先で新型コロナウイルスのパンデミックに見舞われる経済危機に直面しても、ほとんど変わることができない日本とは、何なのだろうか。地球環境保全を重視し、再生エネ拡大を加速させる世界の潮流を見失って現状の微修正に終始し、少子化と人口減少という「ジリ貧スパイラル」に身をゆだねるようでは、まさに衰退の一途をたどりかねない。

金子さんは、「世界」二〇二三年十月号への寄稿「岸田政権がもたらす経済衰退のメカニズム」の中で、二二年度の日本の貿易赤字が二十一兆七千億円と過去最大となったことに触れ、情報通信、エネルギー転換、ＲＮＡ医薬品、電気自動車（ＥＶ）など先端分野に開発の遅れがあると指摘し、自動車メーカーのＥＶ転換が遅れれば、「貿易赤字体質は定着する危険性が高い」と警告している。そうした日本経済破たんの危機を避けるには、「地域中心にエネルギーと食料の自給率を高めることが必須になる」と変わらずに主張し、「地域中心に再エネ、蓄電池、スマートグリッドを整備すること」の必要性を訴えている。重ねて、「発送電（発電と送配電）、発販（発電と販売）の所有権分離によって大手電力会社の地域独占を解体しなければならない」と呼びかけている。

地域自給の視点欠いた再生エネ拡大

ところで、「あの映画　その後」で、再生エネの分散立地を訴える金子さんの日本再生論「分散革命ニューディール」を紹介してから年月を重ねたが、再生エネの普及・拡大の勢いはいま一つだ。とくに、活性化策として期待された農山村の再生エネ導入は、思うように進んでいないようだ。

農山村の再生エネ導入の現状について、事業構想大学院大学の重藤さわ子教授は、「全国各地にある発電設備は東京や大阪など外部の設置者に帰属するため、売電収入の多くが地域外に流出し、地域にはわずかな固定資産税や地代等の収入があるのみである」「経済的な恩恵をもたらさないどころか、自然環境の破壊や生活環境の悪化まで引き起こし、反対運動が各地で激化している」と書いている（「世界」二〇二三年九月号、「再生可能エネルギーを地域のベネフィットに」より）。その上で、なぜ、そういう事態になったのか、その原因について、「再生エネの導入量を、化石燃料の代替として効率的に増やすことに重点」を置きすぎて、農山漁村の「エネルギー自給」に結び付ける視点を欠いていたからだ、と重藤氏は指摘している。

太陽光発電で利益を上げたい事業者は、収益性を求めて、メガソーラーを、地価が安い森林や山地を開発してつくろうとする。そこでは環境・景観保全や農山村の地域づくりなど二の次にされがちで、土砂流出などを不安視する住民とのトラブルも増える。こうした乱開発に歯止めをかけるために、太陽光発電設備の規制条例をつくる自治体が相次いでいる。それだけ、再生エネの乱開発に悩む地域は少なくないということなのだろう。

経済界の一部に「日本では太陽光発電の適地は少ない」と再生エネ拡大に後ろ向きの発言があったが、広大な国土にあって急速に太陽光発電が普及する中国と同じ次元で張り合って大規模な施設をつくろうとするから国内の適地が限られているように見えるのではないか。多くの農山村がそれぞれ小規模な再生エネ事業を起こして、それらをこつこつと積み上げて総発電量を増やすというボトムアップ型の開発というアプローチが、経済界の有力筋の目には入っていないのではないか。農山村のエネルギー需要を満たすには、実はメガソーラーなど要らず、小規模な発電拠点を集落ごとに分散立地させて、それらをつないで電気を融通し合うシステムをつくり上げれば十分で、それによってエネルギー自給に結びつけることは決して困難ではないと、多くの識者が指摘している。重藤氏は、農地の上に簡易な太陽光発電パネルを設けて営農と発電を両立させる「営農型太陽光発電」について、「農家所得の安定化と農地の継続的な利用という意味で食料生産維持と農地保全につながるはずの画期的な発電システムのはず」と書いている。

エネルギー自給を見すえた農地活用型の再生エネを各地の農山村で数を増やしていくことができれば、再生エネの主力電源化を加速させ、自治体の財政基盤の強化や農林水産業の維持・振興、ひいては過疎地の活性化や消滅阻止につながるだろう。これからは大手電力や大企業による大規模集中型の発電に頼るのではなく、小規模分散型の再生エネの国土への展開こそめざすべき道筋ではないかと思う。そう考えると、国のエネルギー政策は、経済産業省だけに委ねず、農林水産省や総務省、環境省なども加わって、省庁横断的な国家プロジェクトとして原案をまとめるように改めるべきだ。そうしないと、経済効率という尺度だけで政策が決められ、地方の自治体や過疎地の将来、食料自給や国土保全という視点が後回しにされる懸念がある。経済産業省主導の政策見直しでは、石炭火力や原発など旧来電源をできるだけ使いたがる大手電力の既得権益の擁護をベースにすえてしまい、ダイナミックなビジョンを描きだすことは難しいのではないか。国連気候変動枠組み条約第二十八回締約国会議（COP28）で合意された「二〇三〇年までに世界の再生エネの設備容量を三倍にする」という世界共通の目標の達成に見合う日本の進路を見いだすためにも、農山村や公共施設、住宅などの再エネ導入も含めて小規模で多様な電源を積み上げながら、地域の将来も視野に入れた総合的なビジョンづくりが求められるところだ。

いま、九州に引き寄せて思うのは、九州電力グループの新たなビジネスとして、農山村などの過疎自治体や地域住民による再生エネ起業に対する支援事業に取り組んでもらうことはできないか、ということだ。それらの起業には送配電網への接続を優先的に認めて、国の補助を求めつつ連係線の拡充にも取り組む。それらの電源は、電力需給調整のために再エネ事業者に発電の一時停止を求める「出力制御」の対象から外して経営をバックアップし、電源の維持管理にも協力する。発電事業者としては、そうした支援事業は競争相手を増やし短期的には利益に反する面が出てくるかもしれないが、農山村などのエネルギー自給への支援を通じて、食料安全保障や国土保全も含めた九州の持続的な発展に貢献することは、九州を代表する公益企業として望ましい姿であり、それだけ企業価値も高まるだろう。そして、そうした試みが各大手電力に燎原の火のように広がっていけば、日本の再生エネ拡大の勢いはさらに増して、脱炭素社会の到来が現実味を帯びて視野に入ってくる。

原発からの撤退の道筋

西日本新聞社の株主であり有力なスポンサーである九州電力は、関西電力と並んで福島第一原発事故後、最も早く原発を再稼働させた大手電力である。国と大手電力業界が原発の「最大限の活用」をめざす限りは、その国策の〝優等生〟ではあるだろう。池辺和弘社長は、二〇二〇年三月から四年間、電気事業連合会（電事連）の会長を務めた。会長職を担ってきた東京電力が福島第一原発事故に、関西電力が金品授受問題への対応にそれぞれ追われる中、回ってきたポストだとされたが、この間、大手電力業界の顔として活動した。

ドキュメンタリー映画「日本と原発　四年後」「日本と再生　光と風のギガワット作戦」の監督、河合弘之さんに、「あの映画　その後」の取材でお会いした二〇二〇年当時は、その池辺社長が電事連会長に就任して間もないころだった。河合さんは、脱原発を訴える弁護士たちのリーダー格で、全国各地の原発差し止め訴訟や福島第一原発事故をめぐる避難者訴訟、東京電力旧経営陣に対する刑事裁判、株主代表訴訟などに関わり、国と大手電力を相手に裁判で争ってきた。つまり、河合さんと九州電力、電事連は裁判をめぐる敵同士である。

一方、九州電力は西日本新聞社の株主であり、新聞経営上の関係が深く、経営の論理から言えば配慮が必要な場合がある相手である。さて、どうするか。同新聞社の記者の中には河合さんに会うチャンスがあったとしても、取材を敬遠する者がいておかしくない、というところだろうか。

私としては、そういう事情があるからといって、報道機関の一記者としては、大手電力と対立する河合さんの主張はむしろすすんで取り上げるべきだと考えた。脱原発を求める民意は根強く、そうした民意の上に立つ問題提起は尊重しなければならないと思うからだ。九州電力に近いところから記事を書く経済記者がいれば、市民の立場から九州電力に向き合う記者がいなければならない。ウェブ連載「あの映画　その後」で、「日本と原発　四年後」「日本と再生　光と風のギガワット作戦」を取り上げて、河合さんにインタビューしたのは、そんな考えもあってのことだった。

河合さんらが原告側弁護士を務め大手電力を相手に争った原発関連訴訟の中で、最も注目された判決の一つが、福島第一原発事故をめぐって東京電力の株主たちが東京電力の旧経営陣五人を相手に東京地裁に起こした株主代表訴訟だろう。判決は提訴から十年後の二〇二二年七月にあり、東京地裁は、福島沖で巨大津波が発生する可能性があると指摘した国の地震調査研究推進本部の「長期評価」の信頼性を認めて、巨大津波は予見できたのに対策を指示せず注意義務を怠ったなどとして、旧経営陣四人に計十三兆三千二百十億円の賠償支払いを命じた。

賠償命令の金額がまず注目されるが、ポイントは「長期評価」の信頼性と事故の予見可能性を認めなかった東京電力旧経営陣の刑事裁判の一審、二審とは正反対の判断であり、それをくつがえすかたちの判断となったところだ。また、同事故の避難者が国と東京電力に損害賠償を求めた訴訟四件をめぐって、国の賠償責任を認めない統一判断を示した、二二年六月の最高裁判決は、長期評価の信頼性や予見可能性があったかどうか、については判断を避けており、「肩すかしのような判決」という批判もあったという。株主代表訴訟の判決はそうした最高裁の判断に疑問符を投げかける格好にもなっている。

仮に、国や東京電力を免責する司法の流れがあるとすれば、株主代表訴訟の判決にはそうした流れに対し「そんな判断で事故の始末をつけていいのか」と待ったをかける意味合いがある。国と東京電力の法律上の責任を追及する側にとっては、反転攻勢への足がかりになる判決とも言えるだろう。ドキュメンタリー映画「日本と原発　四年後」では、その株主代表訴訟の原告の一人が「(東京電力の株主として旧経営陣に対し)会社に損失を与えた分を、財産を全部吐き出し(賠償し)なさいという(命令を求める)訴訟」「賠償金は福島第一原発事故の賠償に充てる」などと、提訴のねらいを話している。この判決は、河合さんが原告側弁護士として勝訴に導いた代表的な仕事の一つとして記録されるに違いない。

さて、取材当時、河合さんは、福島第一原発事故の後も原発を使う大手電力のあり方を真っ向から批判し、脱原発へ進む手順を提案した。電事連会長になったばかりの九州電力社長、池辺氏にとっては、不都合な問題提起であり提案だったかもしれないが、国民にとっては選択肢の一つになりうるものだろう。

「大手電力会社がなぜ原発にこだわるか、と言えば、今だけ、カネだけ、会社だけ、の論理で経営するからですよ。四半期決算だけ考えれば原発はもうかる。(石炭など)年間五百億円ほどの燃料購入費を節約できますから、その分、もうかる。目の前の燃料費、それだけが再稼働の動機になっている。それ以外のことを考えれば原発はやめたいはず。重大事故が起きたら会社はなくなります。東京電力も存続はしていても(事実上)もう国家管理されてしまった」「原発をやめて、例えば一千億円相当の原発関連資産を一気に失ってバランスシートに大きな穴ができるのが困るのなら、長期にわたって少しずつ資産を減らす会計処理を認めていい。さらに、稼働していれば化石燃料代が毎日一億円分浮いたはずなのに、と言うなら、その損失補償を何年か認めてもいい。それでもだめなら、国がすべての原発を買い上げてやればいい。仮に一兆円以上かかっても原発をなくした方が国民の利益につながる。

私はそうした税金の使途なら受け入れます」

岸田政権は二〇二二年十二月、国の原発政策を「依存度の低減」方針から「最大限の活用」へと大転換させ、東京電力柏崎刈羽原発（新潟県）の再稼動を推進した。新聞報道で伝えられるのは、一基稼働すると年間約千百億円の収支改善が見込める、という同社のそろばん勘定である。火力発電の燃料費を大幅削減できるのだという。福島第一原発事故後の廃炉や賠償費用がかさむ中、同社の経営再建には同原発の再稼動が鍵を握る、と伝えられてもいる。

そこで、教訓の一つとして特記しておきたいのは、福島第一原発事故が起きたのは、二〇〇七年の新潟県中越沖地震の被害で柏崎刈羽原発が運転停止し赤字経営に追い込まれた事情から、当時の経営陣が福島第一原発の津波対策工事の費用負担と工事に伴う運転停止によって経営状況がさらに悪化することを恐れて津波対策を先送りした結果、招いたことではないか、という指摘があることだ。短編映画「東電刑事裁判　不当判決」（河合弘之監督、企画・監修＝海渡雄一弁護士）の中にそうした指摘がある。能登半島地震をきっかけに原発事故時の避難問題があらためて問われる中、原発事故リスクの再検証や安全対策、避難計画の点検などより先に、目先の経営改善だけを眼中に入れて柏崎刈羽原発の再稼働に向けてひた走るようなら、いつか来た道をたどる、ということになりかねない。

私たち国民が忘れてならないのは、そうした国の政策転換とは裏腹に、民意の方は原発推進より脱原発を支持する声が優勢だ、ということだ。たとえば、新聞報道によると、岸田政権が政策転換を閣議決定して間もなく、東日本大震災から十二年になる二〇二三年三月に西日本新聞社が加盟する日本世論調査会がまとめた世論調査では、今後の原発の利用について、「今すぐゼロ」が三%、「段階的に減らして将来的にはゼロ」が五五%と、脱原発派が六割近くを占めた。原発の六十年超の運転は七一%が「支持しない」、原発の建て替えなど原発の開発・建設推進は「反対」が六〇%だったという。二四年三月の同じ世論調査でも、「今すぐゼロ」が四%、「将来的にはゼロ」が五五%と同様の結果が出ている。

岸田政権の原発政策転換をめぐっては、推進派を多く集めた有識者会議で方向が決められており、国民的な議論を欠いている、と新聞各紙が批判した。旧来の政権政党が、大手電力や電事連、そして、大手電力の下に多くの事業者が結集する利益共同体「原子力ムラ」の関係企業筋から、どれほどの政治献金を受けてきたのか、それがどれほど政策決定に影響を及ぼしているのか、暴き出すのも新聞の務めだろう。国民としてはこれからの国政選挙にあたっては、「原子力ムラ」の利害に縛られず、民意を反映させたエネルギー政策を実現させるにはどのような投票をしたらいいのか、十分に考えて臨まなければならない。

岸田氏の後の石破茂首相は、就任直後の二〇二四年十月に衆院を解散し総選挙に臨んだが、再生エネとともに原子力を「最大限活用する」と公約した自民党は大敗し、公明党と合わせても過半数割れした。石破自公政権は前政権の原発推進路線を修正するのかどうか、エネルギー基本計画の議論の行方も含めて、注視していきたいところだ。

河合さんは取材した二〇年当時、九州電力に対し、こんなメッセージを投げかけた。「九州を『原子力王国』にしちゃって、未来なき原発にいつまでこだわっているんですか。消費者のこと、日本のこと、世界の環境のことを考えれば、自然エネルギーを普及させた方がいい。九州は自然エネルギー資源がとても豊かで、全国で最も『自然エネルギー王国』になる素質がある地域なんですよ。地熱もあるし、太陽光もあるし、風力もある」「自然エネルギーはもうかって、みんなに支持され、みんなハッピーになる。デジタル技術と組み合わせて普及を図ると、ビジネスチャンスが生まれて経済発展に結びつく。今、世界で起きているのは、単なるエネルギー革命ではなく『デジタル・グリーン産業革命』なんですよ。極めて多方面、全産業に新しい需要が生まれ、投資を促す。九州五十年の大計ぐらいは示して、地域エネルギーの将来を語るときではないですか」

河合さんの話を聞きながら、気づいたのは、九州電力が国策の「請負企業」としてではなく、九州を代表する公益企業として、九州のエネルギー供給の将来像を独自に示して、市民に理解を求めるような姿を見たことがない、ということだった。

九州電力は、国策となった再生エネの主力電源化を、九州でどのように実現させるつもりなのだろうか。二〇五〇年、さらに二一〇〇年の九州では、太陽光、風力、地熱など、それぞれの電源の割合と発電量をどのくらいずつ確保しようとしているのか。九州電力は各電源の発電量の何割を担い、他の発電事業者にはどのくらいの発電量を担ってもらうつもりなのか。原発や石炭火力発電はいつまで使うのか。それらの出口戦略は描いているのか。九州電力には、それらの展望や目標を広く伝えて、望ましい九州の将来像を社会全体で探るくらいの踏み込みがほしいところだ。

西日本新聞社としては、九州電力にそうした将来像を示すよう促すとともに、独自案も打ち出して、市民の間で議論してもらうきっかけをつくるのが、務めではないか。原発は運転すればするほど使用済み核燃料が増え続けるが、それを受け入れる青森県六ケ所村の再処理工場は完成の見通しが立っておらず、核のごみの最終処分場の建設地も決まらない。国の核燃料サイクルは事実上、破たんしている。強い放射線を出すため十万年近く厳重な隔離・遮蔽処分が求められる負の遺産を、処分の道筋が見えないまま増やし続けて後世に押し付ける、いわば「不正義のサイクル」に、いつまでもはまり込んでいるわけにはいかないだろう。新聞社は、できるだけ早く原発から離脱するように九州電力に求めていくべきだ。

さらに、平戸支局で玄海原発の再稼動に向き合った記者として、大手電力が原発の再稼動など事業変更の際、自治体側の同意（事前了解）を得る手続きのあり方についても、国と九州電力に改善を求める報道に期待したい。これまでの通例では同意を得る対象は原発が立地する市町村と県とされており、玄海原発をめぐっては佐賀県玄海町と同県に限られていた。近いところで原発から約八キロしか離れていない長崎県松浦市をはじめ、三〇キロ圏に入る長崎、福岡両県の自治体は事故時は佐賀県と同じように放射線被ばく被害の恐れがあるのに、同意取得対象から外されていた。著しく公平・公正を欠いていないだろうか。松浦市では二代続けて市長が国と九州電力に対し、同意権を認めるように求めていた。立地自治体以外の市にも同意権を認めている東海第二原発（茨城県東海村）の先進例も出ている。今の国の原発政策が改まらないかぎり、玄海原発でも今後、六十年超の運転や新増設など、地元同意が必要になる局面が出てくる可能性がある。恣意的でいびつな原発行政を正す意味からも、国と九州電力に早急な見直しを求めていくべきだ。

第六章　「一声運動」とワンフレーズの警告

編集局の静けさに風穴を

さて、本題に戻る。

二〇一八年四月、平戸支局から本社に異動し、編集局の大部屋で仕事を始めて感じたのは、なにやら、静かだ、ということだった。時折入る通信社の配信案内のアナウンスを受けて、ざわつくことはある。大きなニュースなら紙面づくりをめぐって議論が始まる。しかし、多くの場合、間もなく、元の静けさに戻る。とにかく、デスクと記者たちが原稿をはさんでやり取りしたり、議論したりする声がほとんど聞こえてこない。電話のやり取りも聞こえない。大概の用件はメールやチャットなどで済ませているのだろう。自席で電話取材する姿はほとんどない。電話取材する場合は、通路をはさんだ応接用個室に移動し、こもって通話している。

マナーが良く、スマートに仕事をするのは結構なことだが、あちこちで通話やデスクと記者たちがやり取りする声が聞こえてきて、テンションが上がる、ということが以前はあった。デスクと記者の間で議論が起きたり、先輩記者から後輩が叱咤されたり、テレビのニュースを聞いて誰かが「こりゃいかんな」といきなり声を上げたり、記者同士があぁだ、こうだと語り合ったり、大小雑多な声が交錯する。再雇用記者として久しぶりに大部屋に身を置いてみると、そのようなざわつきが日常だったころとのギャップにちょっと困惑する。静かすぎて、落ち着かない。いい緊張感が静けさにつながることはもちろんあるが、静けさの中にどこか重しがかかったような風通しの悪さや萎縮した空気を感じたりすることもあった。

そうした違和感を募らせた先で、いつしかごく自然に始めていたのが「一声運動」だった。何ということはない、気になるニュースが伝えられたり、新聞記事に何か問題があると感じたりしたら、誰か特定の聞き手がいなくても周囲に向けて何らかの意見や感想を口にするようになった。つぶやき程度だが、語調が強まることもある。多くはひとり言で終わるが、誰かがそれを聞いて、何か意見を投げ返してくれたり、ちょっとした議論になったりしたらおもしろい、というくらいの軽い「運動」だ。

なかでも、福島第一原発事故のその後を伝えるニュースをはじめ、同事故をめぐる各地の避難者訴訟や原発差し止め請求訴訟など、脱原発、再生エネ拡大に関係する大事なニュースが、テレビや通信社の出稿案内のアナウンスを通じて届いたときは、半ば意識的に一声上げていた。聞き逃さず受け止めてほしいからだ。一声を上げることで、紙面で関連ニュースが取り上げられることが少なくなっていた同事故の風化の進行にあらがいたいという気持ちもあっただろう。

さて、「一声運動」を通じて、驚いて最も大きな声を出したのは、二〇二一年三月十八日、事故時の避難計画に欠陥があるとして、東海第二原発（茨城県東海村）の運転差し止めを命じた水戸地裁判決を報じる、西日本新聞の同十九日付朝刊一面記事を目にした朝だったと思う。なぜ驚いたかと言えば、その判決は、避難計画の不備を運転差し止めの理由としており、他の原発立地地域の避難計画の再検証や見直しにもつながる可能性がある画期的なニュースであるにもかかわらず、その記事のまとめ方や紙面のレイアウトが、そのニュースのインパクトを台なしにするような、いびつなものだったからだ。

どんな記事か、といえば、その水戸地裁判決の内容に、同じ日にあった、伊方原発の差し止め決定を取り消す広島高裁決定の内容が織り交ぜられていて、あっちかと思えばこっちに飛ぶ、といったふうで極めて読みにくい原稿になっている。レイアウトはというと、水戸地裁判決だけで一面トップを張れるはずなのに、その記事は一面カタ（左上の二番手）に収められており、見出しにいたっては水戸地裁判決と広島高裁決定の内容を伝えるカットがそれぞれ同じ大きさで上下に並べられていて、何のニュースなのか、何がニュースなのか、見ただけではよく分からない。水戸地裁判決のニュース価値が、広島高裁決定と抱き合わせにされていることでまっすぐに伝わらない。ボクシングにたとえれば、水戸地裁判決の強烈なストレートパンチの衝撃が、広島高裁決定にクリンチされて、弱められ、薄められている、といった印象だった。

複数の全国紙は水戸地裁判決を一面トップに大きく展開し、その判決の意義を書き込んでおり、広島高裁決定は別の記事として小さい見出しのコンパクトな記事として紙面の下の方に載っている。ニュース価値から判断すれば、そうなるのが当然だ。一面が窮屈なら広島高裁決定の記事は一面を外して社会面で扱えば済むはずだった。

その朝、私は出社後すぐ、近くにいた記者をつかまえ、朝刊を掲げながら、こんなふうに一声上げた。「おかしな紙面だよな。東海第二原発差し止め判決と、伊方原発差し止め取り消し決定を同じ扱いで並べてしまって。市民目線でなく、事業者目線の編集だ。一勝一敗だとでも言いたいように」と。

「事業者目線の編集」と言ったのは、そのいびつな記事とレイアウトは、水戸地裁判決のインパクトが、東海第二原発と同じように避難計画を抱える他の原発立地地域の自治体や住民たちの問題意識を呼び起こして原発運転にマイナスの影響が及ばないようにしたいであろう、大手電力の立場に配慮するところからつくり上げられているように感じたからだ。水戸地裁は原発運転を差し止めたが、広島高裁は原発運転を認めている、ということがすぐわかるように、それぞれ同列の扱いで伝えてほしい、というような大手電力の意向に配慮した結果、水戸地裁決定のニュースに広島高裁決定のニュースをねじ込む、いびつな紙面づくりに結びついているように見えた。地元に結び付ければ、九州電力にとっては、水戸地裁判決が刺激になって、当時すでに再稼動していた玄海原発（佐賀県玄海町）や川内原発（鹿児島県薩摩川内市）の周辺自治体や住民の間に避難計画の見直し機運が広がり、ひいては運転の一時停止を求める声が広がるような事態になるのは避けたいところだろう。その紙面は、そんな九州電力の懸念を忖度したもののように見えた。

編集局全体に響き渡るように割と大きな声を出していた。まず編集局幹部たちの耳に届けて、紙面批判があることを伝えたかったのかもしれない。夕刊づくりのために編集局に出てきている記者や編集者たちがその紙面をどう受け止めているのか、私の一声に対する反応を見たくもあっただろう。誰か一声に絡んでこちらを見てうなずいたり、何か語り出したりする人はいないか、編集局を見渡すが、そういう姿はない。編集局は静かなままだった。私が一声かけた記者は、特に言葉を返すこともなく、忙しそうに席を立ち、大部屋の外に出ていった。明らかにその紙面を話題にするのを避けていた。

私はさらに、社会部の方面に向けて、「水戸地裁判決に絡めて、玄海原発と川内原発の避難計画がちゃんとしたものか、チェックする連載や企画記事を展開してはどうか」というような声を投げかけた。企画案が棚上げされるなど、玄海原発の再稼動をめぐって事故時の避難計画に対する自治体や住民の不安の声を十分伝えきれなかった平戸支局時代の忸怩たる思いがよみがえってきていた。この声が心ある誰かの耳に入り、避難計画の実効性の再検証へ踏み出してもらう後押しになれば、という思いもあった。しかし、誰かに向けて声をかけているわけではないから、返事はない。議論にはならない。

このように、私の一声は、実のところ、沈黙をもって受け止められることがほとんどだった。多くの場合、言いっぱなしで終わる。とくに、脱原発の立場から上げた一声の場合はそうで、編集局に横たわるブラックホールに吸い込まれて、すぐに消え去っていく。そんな感じだった。脱原発の立場からものを語るのは、いつしか再び半ばタブー扱いされるようになっている。脱原発の立場からの主張に不用意に同調するそぶりをみせては人事処遇上、不利益をこうむりかねない、と考える向きがあったような気もする。しかし、一方で、いくらかの記者は私の一声に聞き耳を立ててくれている、聞いてもらっているという感触は確かにあったから、一声上げるのは無意味ではないと思えた。自由闊達に議論するのが新聞社本来のありようなのだから、と一声を繰り出し続けていた。

背後から「アカですよ」のワンフレーズ

都市圏総局からクロスメディア報道部に移ってからは、私の勤務机は、〝孤島状態〟に置かれた。その向き合う前方の席や両隣の席は夜勤者が出てくる夕方までは空席で、日中勤務の私の周囲には言葉を交わす相手はおらず、一人ぽつんとパソコンに向かう。

その私の席は、大人数が集う編集局の大部屋の中央部にあるクロスメディア報道部の中でも、編集局幹部席や主な報道、編集部門のデスクや記者たちから見通すことができる真ん中にあり、いわば衆人環視の状態にあった。周囲からは助言なのか、注意なのか、警告なのか、牽制なのか、さまざまな一声が投げ込まれる。常に見張られているような感覚になった。福島第一原発事故に関連するドキュメンタリー映画を取り上げて、脱原発、再生エネ拡大をめぐる訴えや主張を紹介したウェブ連載「あの映画　その後」を始めてからは、その数が増えていった。

どこかでメールチェックされていたのだろうか。私が誰を取材し何を書こうとしているか、常に把握されているようだった。脱原発を主張する人物とメールのやり取りをしたり、そうした人物の発言を記事にまとめていたりしていると、背後から、「アカですよ」などというワンフレーズが投げかけられる。大部屋にあって誰が口にしたのか分からないが、私に向けられていることは分かる。上の方の指示があるのだろう。「アカ」とはどんな意味なのか、説明はないからはっきりしないが、おそらく「過激な左翼思想の持ち主」というほどの意味だろう。「アカですよ」とは、そのとき私が取材しその発言を記事で紹介しようとしている人物を指して言っている、と受け取ることが多かった。その人物の発言の扱いは慎重にするように促し、できれば掲載見送りへ導こうとしている、というふうに読み取っていた。しかし、脱原発や再生エネ拡大の主張は、危険思想でもないし、偏向思想でもない。国民の半ば、あるいはそれ以上の人たちが支持する、一つのまっとうな主張だ。脱原発、再生エネ拡大を主張する人物を「過激な左翼思想の持ち主」として遠ざけようとしているのなら、そうする側の方が偏向している。陰湿でつまらない言いがかりだ、と聞き流していた。

「アカですよ」というワンフレーズには、同時に、私を指して「アカですよ」と周りのデスクや記者たちに言い含めて、「アカ」のあいつには近づくな、と暗示しているのだろう、と感じることもあった。周りのデスクらに対し、私が書く原稿について「偏向しているから慎重に扱うように」と警告しているように聞こえることもあった。私は、脱原発を主張したが、特定のイデオロギーに縛られてはいない。原発を動かす権力をチェックする記者の務めをできるだけ果たしたいと思っているだけだ。「アカですよ」というワンフレーズが聞こえると、「あ、また、ネガティブキャンペーンが始まった」と半ばあきれつつも、いちいち反応せず、目の前の仕事に向かっていた。

ただ、「アカですよ」と言われる私について、私を知らない若い記者たちはあまりいい印象を持たないだろう。事情が分からないまま、私を「危い人物」と思い込んで遠ざけ始めることもあるだろう。「ああ、西日本新聞社は脱原発を主張する記者を遠ざける会社なんだ」と思い込んで、本来は脱原発の立場であってもその主張は控えて、「アカですよ」と言われないように気を付ける、という記者も出てくるだろう。そんな状態が形づくられるのなら、「アカですよ」というワンフレーズの積み重ねは、記者たちを脱原発支持の立場から引きはがす一種の刷り込み、あるいは、洗脳の手だてとして使われていると言える。

新聞社の上の方に、ウェブ連載「あの映画　その後」など、脱原発の立場から繰り出す私の記事やそれにからんだ発言がある種の〝社内標準〟から外れていて問題だと考える筋があるのなら、そのことをはっきりと指摘して議論すればいいのに、そうはならない。裏側で「アカですよ」というようなワンフレーズが飛び交うばかりなのだ。うるさいから、こちらから、「（私の記事や言動が）そんなに気に入らないなら、どこがいけないのか、表に出て堂々と話したらいい」というようなことを周囲に向けて言ったこともあるが、何の応答もなかった。

黙殺である。

「食べていかなければならないからな」

上司たちが投げかけてくるワンフレーズの一つに、「食べていかなければならないからな」があった。それは、株主や大口広告主に配慮する新聞社経営の論理から、デスクや記者らにそうしたスポンサーが嫌がりそうな報道や発言を控えてほしい、と示唆するワンフレーズだと解釈していた。私の場合、ウェブ連載「あの映画　その後」など、西日本新聞社の株主であり利害関係がある九州電力に対する批判含みの記事を書くときに投げかけられた。そのワンフレーズには、記事の批判が行き過ぎて株主の反発を招き、経営に何らかの支障をきたしてしまうような事態は避けなければならない、分かるだろう、社員としてある程度は配慮してもらわないと困る、と言いたのだろうと受け止めていた。

その「食べていかなければならないからな」には、聞く側の立場によっては別の意味合いがのっかってくることがあると気づいたのは、再雇用記者として本社に戻ってずいぶんたってからだった。それは、部下に対して、あなたはこれからも西日本新聞社で働いて食べて（生活して）いくわけだろう？　それなら、有力株主や大口広告主など新聞社経営上、関係が深い企業に対する批判記事はほどほどのところにしておかないとあなたの身のためにならないよ、会社の言うことは素直に聞いておくことだ、というふうな警告のニュアンスである。人事処遇が気になる人たちには半ば脅しのように聞こえる場合もありそうだ。

さらに、そのワンフレーズにもう一つ、別の意味がかぶせられる場合があることに気づいたのは、再雇用記者の生活も終盤になってからだった。たとえば、私を支持する後輩デスクや記者たちがいたとして、後輩たちを私から引きはがす思惑から、投げかけられることがあるようなのだ。その場合の「食べていかなければならないからな」は、上司からその後輩記者たちに向けて、これから私の下で働くつもりなのなら、君が支持してきたやつ（私）を「食べて」から次（こちら）に行かなければならない、という意味合いだ。ここでの「食べる」とは、私の言動の気に入らないところ、よくないと思うところを非難したり、当てつけたりして、私を切り捨てることであり、私を目の前で「食べて見せる」ことができるなら、君を信用して使おう、というのである。一種の踏み絵の強要であり、俗っぽい言い方をすれば、上司が「俺の目の前で転んで見せろ」と迫るのである。あるいは、そうした上司の下にいる記者たちが「これから私たちと一緒に行きたいのなら私たちの目の前で転んで見せろ」と圧力をかけることもあったようだ。このように「食べていかなければならないからな」というワンフレーズは、どこかとぼけて緩そうな言い回しではあっても、多くのメッセージをまとわせられた相当の〝曲者〟だった。仮に、言われた記者が上司にそのワンフレーズの意味を聞いたとしても、上司はいちいち説明しないだろう。問い詰められたとしても、上司は、そんなつもりはない、考えすぎだ、疲れてるな、おかしいんじゃないか、などと言うに違いない。「アカですよ」や「食べていかなければならないからな」などと繰り出されるワンフレーズによって、多くの後輩のデスクや記者たちが私から離れていったと思われる。私は、あれこれとずいぶん数多く「食べられた」のだろう。こうしたワンフレーズの積み重ねは、新聞社の上の方が新聞紙面の基本的な立ち位置や論調を右側の方向にもっていく上で相当効果があるという感触が残っている。そうしたワンフレーズによる締め付けを重ねながら、ある〝社内標準〟のようなものをつくり上げ、〝標準〟から外れたデスクや記者たちを人事面で冷遇していけば、〝標準〟はほぼ定着し、ある種の〝不文律〟ともなっていく。

私は、上司が言下ではっきりと指示できないようなことは聞く必要はない、と割り切っていた。そのようなワンフレーズは聞き流し、知らぬ顔をしてやり過ごしていた。そうした統制の下にあって、現役世代が自由に声を上げにくいなら私が代わって声を上げて、社内に風穴を開けようと考えていた。ワンフレーズが投げかけられれば投げかけられるほど、「一声運動」の熱量は上がった。新聞社の記者は、社員としての属性を意識し会社の意向をくみ取りつつも、できるだけ報道の自由を大事にしたいとジレンマに陥ることが少なくないが、報道の自由を重視しチャレンジしようとする記者が少しずつでも増えていけば、状況が変わる可能性がないわけではない。

なぜ私が、衆人環視下の孤立状態に置かれ、さまざまなワンフレーズを投げかけられたのか、そのわけに薄々、気づいたのは、「赤字直し　赤字直し」というワンフレーズが聞こえてきたときだった。なぜ、こんな処遇をされるのか、とぼやいたときに、それに答えるように「赤字直し　赤字直し」という声が後方から投げかけられた。「赤字直し」とはもともと誤字修正、つまり校正のことだが、そのワンフレーズは脱原発の立場から発言し記事を書く私は、「アカ（過激な左翼思想）」の方へ偏っており、その改善をあなたに求めているところだ、とでも言いたいのだろうと受け止めた。

「病院ですよ」というワンフレーズが届いたこともあった。こちらを「患者」扱いしている。今、あなたを「病院」に入れて、いろいろと検査し、「悪いところ」を見つけ出して治しているところだ、と言いたいようだった。「感染するから」というワンフレーズもあった。脱原発の主張が周囲に感染しないよう「病院」に隔離している、とでも言いたかったのだろう。「吉田さんは、ハレーションを起こすから」という直球が投げかけられることもあった。私の記者活動は若い記者たちに「悪影響」を与えると言いたいのだろう。「展示ですよ」というワンフレーズも何度か聞こえた。私を衆人環視下にさらして、鑑評させている、と言いたかったようだ。私を知らないデスクや記者たちに私の仕事ぶりを見せてあげて認めさせたいという好意的な意図を感じることはあったが、私は集団的な粗さがしや揚げ足取りに遭っていると感じることが少なくなかった。

私が違和感を持った、編集局の静けさ、沈黙というものは、こうした「病院」隔離システムが機能していることのあらわれだったのかもしれない。〝社内標準〟を内面化した記者たちが私の言動に耳を澄ませ、目を凝らしてチェックしようとしていたことのあらわれだったのかもしれない。あるいは、「病院」に入れられた私が見せしめになって、多くの社員たちが不用意な発言をして自分が「病院」に入れられないように息をひそめていたことのあらわれでもあったのだろうか。

「病院」に隔離されて分かったのは、〝社内標準〟を身に付けて、脱原発の立場で記事を書こうとする記者を敵視する人たちは多数派であり、主勢力として私の前に立ちはだかっているということだった。同時に、私の記者活動を支持する人たちも確かにいることも実感できた。それとなく、こちらに助け舟を出してくれたり助言したりしてくれるからだ。そのうちに気づいたのは、そうした「病院」は、管理職側からすれば、私の一声に対する周囲の反応ぶりをチェックしながら、私を支持するのは誰なのか、脱原発を支持するのは誰なのか、見分ける装置として活用できるだろう、ということだった。残念なことに、私をサポートしてくれたデスクや記者たちが本社外や編集局外に異動する例が相次いだが、そうしたサポーターたちが「病院」隔離システムによって選別され異動対象になったとすれば油断のならないことで、心してかからなければならない。私はしだいに、私を支持してくれていると思われる人であっても、表向きは親しく語り合うようなことはしないように注意するようになった。私と近い関係にあることを強調するかたちになっては、人事処遇面で迷惑がかかると思ったからだ。

思ったことをすぐ口にする「一声運動」は、今の時代、粗雑なやり方であり、迷惑に思う向きもあっただろう。しかし、そこには、ジャーナリズムの担い手として、いまの西日本新聞に道を誤ったところがないか、足りないものは何なのか、口にすることで新聞社が良い方向に進む参考にしてもらえればいい、という気持ちがあったことに偽りはない。「一声運動」は、脱原発、再生エネ拡大というテーマを中心に、現役世代や同僚たちが〝社内標準〟のようなものに縛られて黙っていることをこそ、あえて口にしていた。それは、記者として、おかしいと思ったことはおかしいと言いませんか、というメッセージを繰り返し発信することでもあった。

「一声運動」に、何か成果があっただろうか。私の一声が目に見える形で何かの改善につながったり、大きな議論を起こしたりした場面は思いつかない。あえて一つ、成果を挙げるとすれば、私の一声が若い記者たちに対し、当時の新聞社のありようについて、ちょっと立ち止って考えるきっかけとなることはあったのではないか。

大きくとらえれば、新聞社のためになるはずだ、と信じるところがあった「一声運動」が、新聞社経営陣や編集局幹部にうるさがられ、煙たがられ、ついには会社に対する反逆や敵対行為とみなされ、雇い止めにつながったとすれば、極めて残念で、不本意なことだった。

第七章　掲載の門戸狭まる　くらし文化部時代

FFFの学生のコメント「心をなくしている」、復活への闘い

クロスメディア報道部、そしてくらし文化部に所属した、西日本新聞社での最後の一年となった二〇二一年は、どんな年だったか。福島第一原発事故から十年を迎え、事故の後、多くの市民が毎週金曜日、首相官邸前に結集して繰り広げた反原発デモに終止符が打たれた年だった。

脱原発を求める人々が官邸前を埋め尽くしたデモ最盛期の光景が脳裏に焼き付いている。こんなにも大勢の人たちが自分と同じ思いでいるんだ、と心を動かされた。その残像が、脱原発をテーマとする記者活動を心の根っこのところで下支えしてきたと言ってもいいかもし

れない。一つのテーマで十年も続いたデモはそうあるわけではない。デモを続けてきた人たちもそれぞれの日常に戻らなければならない時が来たのだ。デモの終わりを伝える記事を読みながら、だからといって、私たち市民の根っこのところの思いは変わるわけはない、というようなことを思った。

その年は、世界の若者たちが街頭に出て各国に気候変動対策の徹底、強化を訴える運動「Fridays For Future（FFF、未来のための金曜日）」が盛り上がりを見せた年でもあった。スウェーデンの少女で環境活動家のグレタ・トゥンベリさんの活動をきっかけに世界に広がった、あの運動で、十一月の国連気候変動枠組み条約第二十六回締約国会議（COP26）をにらんで、各国の若者たちが統一活動を展開した。脱原発、再生エネ拡大という独自テーマをもつ記者としては、見落とせない動きだった。早くから、地元・福岡で動きがあるなら何らかの形で書いて紹介したいと思っていた。日本政府のエネルギー基本計画の見直し論議も大詰めを迎え、衆院選も控えていた。再生エネの拡大を加速し、CO2を大量に出す石炭火力発電や核のごみを出し続ける原発から離脱する道筋を描き出せないのか、議論を起こすチャンスだった。

その年は、そうした私の独自の記者活動に明らかにストップがかかり始めた年でもあった。八月から所属したくらし文化部では、十二月末で失職するまで、私の原稿は、同部担当の文化面、娯楽面、生活面から事実上、締め出された。着任前の面談で、独自に取材、執筆する場合は「事前に部長に相談し承認を得る」ように求められており、その申し合わせに従って相談すると、ことごとく不承認とされるのである。そうした逆境下にあっても、地元のFFFの動きは自分が動いて記事にしたかった。日本のエネルギー政策の行方が定まろうとする大事な局面なのに、放っておいたら、いまの西日本新聞はそれを記事にせず、やり過ごすのではないか、と案じるところがあったからだ。地球温暖化につながるCO2を大量に吐き出すにもかかわらず石炭火力を使い続ける地元の大手電力、九州電力は、地元のFFFの批判の的になるだろう。その活動が盛んに報道され、脱石炭火力の世論が地域で盛り上がるなら、九州電力にとっては事業継続上の懸念材料になる。九州電力は西日本新聞社の有力株主であるが、新聞社経営陣がその立場を忖度し、報道を自己規制するようなことはあってはならない。

調べると、福岡都市圏にもFFFのグループがあり、COP26をにらんでオンライン会議を計画していることを知った。西日本新聞社の過去記事のデータベースを検索してみると、そのグループは一度も記事に取り上げられていない。地元の若者たちの新しいムーブメントなのに取りこぼしている。福岡グループの代表者である大学生に連絡してみると、案じた通り、衆院選やCOP26に絡んで西日本新聞から取材依頼は来ていないという。誰も書かないなら、こちらで書いておこうと、さっそくその大学生へのインタビューを試みた。

問題は、どう紙面化するか、だった。私の原稿に対するくらし文化部長の不掲載方針はあからさまで、相談しても門前払いされそうだった。掲載先に選んだのは、論説委員会が担当する朝刊二面の大型コラム「風向計」だった。掲載するかどうか決めるのはあくまで論説委員会であり、くらし文化部長の権限は及ばない。相談すると、論説委員会はこちらの出稿意図をくんで原稿を受け入れた。ＦＦＦの「気候正義」という訴えを紹介しつつ、福岡グループの大学生の声を織り込んで書いた「風向計」は、衆院選公示直後という絶好のタイミングで掲載された。

私はさらに、その大学生のインタビュー記事か人物紹介記事を掲載できないか、くらし文化部長に相談した。「風向計」では、ＦＦＦ福岡の主張や活動をほとんど書き込めなかったからだ。くらし文化部長は、案の定、文化面や生活面など同部担当紙面への掲載を認めなかった。私は「記者の思いを紙面に生かすのは、上司の務めではないか」などと食い下がり、「他部の担当紙面に掲載できないか、各部に当たって交渉してほしい」と強く要望した。その結果、部長はようやく他部と掲載交渉を始めた。最初は、衆院選の有権者ものの小さな囲み欄への掲載案が持ち込まれたが、行数が短く書き込めないから断った。再交渉の末、掲載先に決まったのが、福岡都市圏版の人物紹介大型企画「風」欄だった。熱意は実った。掲載時期は、こちらの希望が通らず、新たな国のエネルギー基本計画がすでに発表され、衆院選も終わった後になった。

この記事は私にとって、くらし文化部に所属した五カ月間で、コラムを除いて、ただ一つ、本紙（紙媒体）に掲載された一般記事となった。重い扉を押し開けることができたのはよかったが、すんなりと掲載にこぎ着けたわけではない。デスクワークを担ったのは、くらし文化部長だった。福岡都市圏版の記事は都市圏版の担当部のデスクが見るのが原則だから、何か意図するところがあるとは思ってはいたが、思ったとおり、原稿をはさんだ部長とのやり取りは難航した。原稿は掲載日の一週間以上前に出稿し、日を置いて届く部長の求めに応じて再取材し、こちらで書き直して送り返す、という作業を繰り返した先で、出稿締め切り日になって、部長が書き換えて送り返してきた原稿を見ると、織り込んだ大学生のコメントのうち、国と大手電力業界に対する批判など、訴えの肝に当たる大事なところが削られていた。大学生の来歴や日常活動を詳しく書きたいという趣旨は理解できたが、肝のところを削除されては何のために書くのか分からなくなる。その日は、部長の書き換え原稿をこちらで書き直して、削除されたコメントを復活させて送り返し、部長はその原稿をまた書き直しコメントを削除して送り返してくる、という作業を、午前中から夕方まで数回繰り返した。

削除されようとしたコメントの肝とは、日本は欧州の再生エネ先進地に比べて後れを取っているのに再生エネの拡大を加速させようとせず、決まったばかりのエネルギー基本計画でも国が二〇三〇年度目標の電源割合になお石炭火力発電と原発をそれぞれ二割程度、織り込んでいるのはなぜだと思うか、という私の質問に大学生が返してくれたコメントで、「目先のお金のことを考えるからではないですか」という一言だった。ゆくゆくはさらに深刻な気候変動に見舞われかねない将来世代の立場にも配慮することなく、短期的な利益にばかり目を向けて既存電源を手放そうとしない大手電力とそれを擁護する国が、CO2排出に歯止めをかけようとせず再生エネの拡大を妨げているのではないか、という批判だった。その一言には訴えの趣旨が凝縮されており、これを削ると原稿の中心軸を失い、原稿が空疎なものになってしまう。別の階にいた部長には、メールでそうした趣旨を伝えて、そのコメントの復活を求めつつ、こちらで手直し復活させた原稿を送り返すが、部長がさらに書き直して送り返してきた原稿でも再び削除されているのには驚いた。部長の削除はたまたまではなく、そこにはある、はっきりした意思があると感じたから、こちらも本気で復活を求めた。最終的には、こちらの要求が受け入れられ、復活にたどりついた。

国際ジャーナリスト組織「国境なき記者団」（本部パリ）が二〇二二年五月に発表した「世界各国の報道自由度ランキング」によると、日本は対象百八十カ国・地域のうち七十一位で、「大企業の影響力が強まり、記者や編集部が都合の悪い情報を報じない『自己検閲』をするようになっている国」の例として挙がっている、という新聞報道が後にあった。FFF福岡の代表者の大学生の人物紹介記事をめぐって、大手電力が石炭火力発電や原発に依存するのは「目先のお金のことを考えるからではないですか」という大学生のコメントを削除するデスクワークの手ぎわは、地元の大手電力であり、西日本新聞社の有力株主である九州電力に忖度を働かせた「自己検閲」ではなかったか、と振り返らざるを得なかった。そのコメントは九州電力には「都合の悪い情報」だったに違いない。

もう一つ、その「凪」の原稿をめぐっては、日本ではデモへの参加が欧米に比べて低調な理由について、FFF福岡の大学生が語ってくれたコメントの一部が削除され、最後まで復活できなかった。「日本では多くの人が忙しく、孤立していて、心をなくしている。だから、気候変動を自分ごととして考えることができないのではないですか」というコメントの中で、「心をなくしている」というくだりが削られていた。数回のやり取りの末、最終的には〈日本人の多くは忙しく、孤立化しているように見える。「気候変動を自分ごととして受け止められないのは、そんな理由もあるのでは」と感じる。〉というふうに書き換えられた。私は復活を求め続けたが、最後は締め切り時間を理由にやり取りを打ち切られ、復活できなかった。

「忙しく、孤立していて、心をなくしている」というコメントを生かしたいと思ったのは、ふと気づくと経済の論理を押しかぶせられ、一人ひとりがばらばらになって懸命に働く中で、コスパ、タイパにがんじがらめになり、それぞれが本来の目標や理想を見失いがちだという現在の日本社会の一面を、一言でわしづかみにして、大人世代に突きつけているように思えたからだ。「心をなくしている」という状態はつまり、自分の意見を持たない、あるいは、怒るべきときに怒らない、ということでもあるだろう。良くない流れだと分かっていても何となくその流れに身を任せてしまって、地球温暖化問題でもなんでも他人事にしてしまって、やり過ごしてしまう。そうしてたどり着いた果てで待つものは何だろうか。「心をなくしている」という一言は、そんないろいろのことを考えさせてくれた。その一言は、今の中心世代に対する異議申し立てであり、心ある大人たちをちょっと立ち止まらせ、何かを考えさせるところがある。なぜ、気候危機が深まるばかりの現状を変えようとしないのか、なぜ行動を起こさないのか、と挑発するところがある。なぜ、そのような一言を削除したのか。痛いところを突かれて、反省するのか、聞かなかったことにしてないものにするのか、という心の運び方の違いを考えさせられる削除であった。

さらに、〈日本では欧米よりデモへの参加が低調だ〉という一文も削られていた。それを削ることで、原稿の文脈がデモというテーマから遠ざけられ、今後チャンスがあればデモに参加してみようか、と、ふと考えさせる導線が断たれている。くらし文化部長のデスクワークと向き合っていると、ふと、デモを「一部の限られた人たちが行うもの」ととらえがちで取材の腰を引いてしまう福島第一原発事故の前の報道のありように逆戻りしているのではないか、と思わせられた。脱原発を求める首相官邸前のデモが繰り返された後は、デモは「一部の限られた人たちが行うもの」ではなく、市民の意思表示の手段として十分認知され、デモを見る報道側の目線も変わってきていると思っていたから、部長の削除の手ぎわには違和感があった。そこには、FFF福岡グループの活動を盛り立てようという気遣いはほとんど感じ取れず、活動の「火消し」に近いものを見るようだった。

くらし文化部長がやり取りの中で、「原発がないと電気が足りなくなる。脱原発の主張は無責任だ」と議論を投げかけてきたのにも、ちょっと面食らった。福島第一原発事故後、原発推進の立場をはっきりさせる言動に出合うことが新聞社内ではあまりなかったからだ。その発言は、電力の安定供給を掲げる国や大手電力などの原発推進論に沿うものだ。その年の二一年には、自民党の国会議員から原発の新増設を求める声が上がり始め、新増設やリプレース（建て替え）を推進する議員連盟も発足した。そうした自民政界の「原発回帰」の動きが部長発言にも影響した面があったのだろうか。その主張を全て否定するつもりはないが、報道機関としては、国家権力、大手電力業界という経済権力の主張に同調、追認することよりも、それらの主張やありようをチェックするのが務めではなかっただろうか。

新聞社に求められているのは、長期的な視野から望ましい将来のエネルギービジョンを描き出し、国や大手電力にそれに近づく努力を促すことだ。若者たちが「今のままでは将来、自分たちが破滅的な気候危機に見舞われるかもしれない」「原発から出る使用済み核燃料や核のごみを持て余して、扱いに困るかもしれない」と不安を募らせているのなら、その声に耳を傾け、取材を通じて衆知を集めて、その解決の方向を探るのがジャーナリズムというものだろう。そうした努力の積み重ねこそ、新聞に対する社会の信頼をさらに高め、新聞社の将来に道を開いていくのではないか。

第八章　最後の砦、コラム「風向計」

脱原発、再生エネ拡大の路線で書きつなぐ

くらし文化部（二〇二一年八月〜十二月所属）では、脱原発、再生エネ拡大という独自テーマの取材、執筆がいよいよ難しくなった。着任前、部長から、独自に取材、執筆する場合は事前に部長に相談し承認を得るように求められており、その申し合わせに従って相談をすると、部長はことごとく不承認としたのは、先に書いたとおりだ。そんな中、救いとなったのが、当時、朝刊二面に掲載されていた大型コラム「風向計」だった。

「風向計」は論説委員会担当で、そのころは編集局のデスクや記者だけではなく、定年再雇用の契約社員である私のような記者や営業部門などに異動したり関連会社に出向したりし

た元記者も含めて広く寄稿を受け入れていた。報道・編集の仕事を離れても機会があれば文章で何かを主張したいと思う社員にとっては、ありがたいコーナーだった。私にとっては、脱原発、再生エネ拡大という独自テーマを書きつなぐ「最後の砦」となった。

私が書いた「風向計」はくらし文化部にいた五カ月間に、四本掲載された。そのうち三本は、独自テーマにからむコラムだ。前任のクロスメディア報道部の頃も含めて、二〇二〇年以降に「風向計」に掲載されたコラムの中で独自テーマなどに関連したものを拾い上げて、内容を振り返ってみた。

「ダレのせいかリレー」（二〇年三月二十一日）は、東京五輪を通じ、「（福島第一原発事故に見舞われた）福島の復興を世界に発信する」と盛んにアピールしていた当時の安倍首相が、福島県である五輪聖火リレー出発式に出席する予定だと知った被災地の人たちが、「福島はオリンピックどごでねぇ」という横断幕を掲げ抗議行動を起こした、という話を書いた。メンバーの一人で、帰還困難区域指定による立ち入り規制で浪江町を離れたまま避難生活を続ける、ある被災者に電話で話を聞いた。事故から十年目に入っていた。住まいは傷んで、取り壊さざるを得ない。周りを見れば避難先でいじめに遭ったり、職を転々としていたりして、なおも苦しむ人が少なくない。ほとんどの町民が避難生活を続ける中、近く避難者に対する行政の住宅無償提供も打ち切られる。このように、なお町民には将来が見えない人が多いのに、浪江町の聖火リレーは、国の「福島イノベーション・コースト構想」の拠点とされ開所間近の水素製造工場や空飛ぶ車、ロボットのテスト場の一帯を走って、浪江はこのように立派に復興を成し遂げています、といわんばかりに、復興をアピールするという。そうした町のごく一部のいい所ばかりが聖火ランナーとともにテレビに映し出され、「浪江の復興が済んだと思われるとすれば不本意だ」と、その人は言った。国策として原発立地を推進した国にも事故の責任はあるはずなのに、そんなことはもはやどこ吹く風、というような、お祭り騒ぎである。「誰のための聖火リレーか」「誰のせいか、この苦しみは」。そんな福島の人たちの心の叫びを伝えた。

「原発、石炭どう幕引き」(同八月十九日)では、当時、西日本新聞ウェブで連載中だった「あの映画　その後」の内容の一部を紹介した。本紙(紙媒体)の読者を、まだ固定読者が少ないウェブに案内して、連載を読んでもらいたかった。福島第一原発事故後、脱原発に踏み切り再生エネの導入を加速させるドイツなど欧州の先進地に比べて、エネルギー転換が立ち遅れた日本の現状を書いた上で、「人類の生存に関わる問題である。原発と石炭火力にしがみついているわけにはいかない」「国と電力会社は、原発と石炭火力からの出口戦略をどう描いているのか、再生エネにどう向き合うのか、国民に説明して議論を起こす時だ」と訴えた。

核のごみの最終処分場の候補地選びが世界各国で難航している。核のごみは数万年は放射性物質の漏出がないよう万全の防護対策が求められる究極の産業廃棄物だが、ここなら安全に封じ込めることができると確約できる場所はそうはみつからない。「新増設より核のごみ」（二〇二一年四月二十日）は、そうした実情を伝えるドキュメンタリー映画「地球で最も安全な場所を探して」の内容を紹介しつつ、その映画公開に合わせて別途、独自に企画し、西日本新聞ウェブに掲載した、核のごみをめぐる小出裕章さん（元京都大学原子炉実験所助教）と稲垣八穂広さん（九州大学大学院准教授）の討論記事の主なところを書き込んだ。安倍派有力議員など自民党内で盛んに上がり始めた原発の新増設を求める声に対して、「人類が扱いかねる核のごみを増やし続けて未来世代に押し付けるのは、未曽有の原発事故を起こした国としてはずかしい」と脱原発を訴えた。

「原発汚染の本当伝えた」（同十一月二十日）は、ウェブ連載「あの映画　その後」の取材でお会いした福島第一原発事故の被災者で、福島県飯舘村の元酪農家、長谷川健一さんの訃報を受けた追悼コラム。甲状腺がんだった。事故後、酪農を廃業し、避難生活を強いられた。飯舘では行政判断の遅れから全村避難指示が出たのが事故の約一カ月後と遅れ、その間、他の村民とともに無防備な状態で高線量の放射線にさらされた。長谷川さんは避難指示後もしばらく村にとどまった。牛の世話と処分の仕事があった。地元の自治会区長として住民たちの避難を見届ける務めもあった。避難解除後は帰村を決断し、農地を荒れ地にしたくないと他の人たちの休耕地も預かってソバを栽培した。そうした事故後の歩みががん発症に結びついたとすればあまりに残酷なことだ。事故の記憶が薄れる中にあって、長谷川さんを通じて、あの事故は地域住民に何をもたらしたのか、あらためて直視してほしかった。

「共感広がる『気候正義』」（同十月二十二日）は、世界各国に気候変動対策の強化を訴えるスウェーデンの環境活動家、グレタ・トゥンベリさんの活動をきっかけに世界の若者たちの間に広がった「Fridays For Future（ＦＦＦ＝未来のための金曜日）」の活動を取り上げた。先進国の気候変動対策の遅れから、まだ意見表明することができない子どもたちやこれから生まれてくる未来世代に対し、さらに深刻な被害を押し付けるのは不正義そのものであり、いますぐ正すべきだという、ＦＦＦの「気候正義」の訴えを紹介した。ＦＦＦ福岡の代表を務める大学生の声も織り込んだ。どこか、負うた子に教えられて瀬を渡るような、ちょっと高揚した気分で書いた。気候災害や環境悪化を途上諸国に押し付けるグローバル経済を批判する「人新世の『資本論』」の著者、斎藤幸平さんの論考を紹介し、「『大洪水よ、わが亡き後に来れ』とうそぶく強欲資本主義は退場願おう」という一文でコラムを締めくくった。

「再生エネ拡大阻む壁」（二〇二一年八月二十一日）は、出稿してから掲載されるまでに、論説委員会の担当デスクとの間のやり取りに日にちがかかり、最も手間を要したコラムだった。再生エネの接続に後ろ向きな大手電力各社の送配電網の運用のあり方を批判する内容で、つまりは西日本新聞社の有力株主である九州電力に対する批判にもなり、九州電力との関係を重視する新聞社経営の論理から言えば、あまり踏み込みすぎず、慎重に扱ってほしいセンシティブなテーマだったからだろう。

論説委員会の担当デスクはその「風向計」の原稿を受け取った後、しばらく掲載するかどうか、はっきりと伝えなかった。出稿後数回、一週間ほどの間をあけて、原稿の内容について問い合わせを重ね、事実確認や裏付けデータの提示を求めてきた。私はその都度、補足取材し原稿を書き直して、担当デスクに送り返した。コラムは筆者の主張や文体を尊重するのが原則であり、それまでの「風向計」では出稿後すぐに担当デスクから掲載日が伝えられ、ほとんど書き換えられずにすんなり掲載されていたから、異例の手数だった。掲載日が伝えられず棚上げ状態が続く中、論説委員会を二度訪ねて担当デスクに対面して掲載を働きかけたが、こんなことをするのは「風向計」をめぐっては初めてのことだった。

この送配電網の運用問題は、ドキュメンタリー映画「日本と再生　光と風のギガワット作戦」の中で、認定ＮＰＯ法人・環境エネルギー政策研究所所長の飯田哲也さんが取り上げている。公共インフラであるはずの送配電網の運用が大手電力に委ねられ、事実上、原発や石炭火力など大手電力の電源向けに優先使用されてしまっており、再生エネ新規事業希望者が送配電網への接続を申請しても「送電線の容量に空きがない」として拒否されたり、大手電力側から送電線増強費の名目で高額な負担金を請求されたりするなど、「再生エネの発展を阻む壁になっている」と改善を訴えている。

私はこの問題を、何度も書こうとした。先に書いたように、小水力発電に取り組む宮崎県日之影町・大人集落のルポを中心とした再生エネ特集面づくりをした際に、関連記事で書き込もうとしたが、九州電力から再生エネの接続申請と実接続件数のデータ公表を拒否され、書くことができなかった。ウェブ連載「あの映画　その後」では、「日本と再生　光と風のギガワット作戦」にからめた飯田さんへのインタビューを通じてその問題を書き込んだが、掲載されたのは本紙（紙媒体）ではなく読者が未開拓のウェブだったことから、読者の反響がつかめなかった。いつかは本紙にきちんと書いて、議論を起こしたいと満を持していた。ただ、「風向計」に書こうにも、何かきっかけがないと手を出しにくい。そんなペンディング状態の中、飛び込んできたのが、再生エネの促進区域を設けた自治体に交付金を出して再生エネ導入を支援する国の新制度が半年ほど後にスタートするというニュースだった。送配電網の運用問題も、そうした新制度にからめれば書けそうだった。その「風向計」の原稿には、新制度を紹介した上で、送配電網の運用にどんな問題があるのか、あらためて書き込み、「送電線や需給調整を巡る旧来のやり方が、再生エネに将来を託そうとする地域に立ちはだかり、起業意欲をしぼませる。脱炭素社会を目指す時代に、そのようなことがあってはならない」と訴えた。

送配電網の運用問題は、大手電力にとっては経営に関わる、デリケートな問題ではあるだろう。単純化すれば、新たな再生エネ事業者が増えてその発電量が増えれば増えるほど、自分の原発や石炭火力発電などの発電量を減らさざるを得なくなる。仮に、国のエネルギー政策が再生エネの拡大をいまより強力に幅広く展開し導入を加速させる方向になるなら、そんな事態もありうることで、そうなると、大手電力は事業縮小による収益減に追い込まれる可能性もある。大手電力としてはいまある石炭火力はできるだけ長く使い続けたいから、新聞には再生エネ拡大の訴えはほどほどのところでとどめておいてほしいだろうし、自分の原発と火力発電の電気を優先して流すことができるいまの送配電網の運用方法は大きくは変えたくないから、新聞にはその問題には首を突っ込まず、そっとしておいてほしい、というのが本当のところかもしれない。

その「風向計」を書きながら、いまの西日本新聞社に九州電力との良好な関係を保つ上で踏み込んでほしくない「限界線」というものがあるとするならば、この原稿はそれを踏み越えるものになるかもしれないという予感がなかったわけではない。慎重の上にも慎重を期すような論説委員会の担当デスクのチェックを受けながら、この原稿を出すことは、虎の尾を踏むことになるのだろうか、と思うところもあった。

それでも書いたのは、〈大手電力の既存電源を維持すれば、再生エネは増やしにくい〉〈大手電力の既存電源を減らせば、再生エネの拡大が加速する〉という事実を読者に向けてはっきりと可視化させたかったからだ。その構図を踏まえた上でなければ、エネルギー政策のあり方について、大手電力の利害をこえて国民的な議論につなげていくのは難しいのではないか、と思ったからだ。送配電網の運用を大手電力の差配から切り離し、公平、公正に運用できるものととらえ直してこそ、根強い脱原発の民意にかない、長い目で見れば国家的な利益やグローバルな利益にも通じる議論がやりやすいに違いない。

さて、このコラム「再生エネ拡大阻む壁」は、編集局内ではある程度、話題になったと思う。「相当取材に時間をかけている」という編集局幹部の言葉も耳に届いた。しかし、新聞社として当時、どう評価したかは分からない。掲載前後に、掲載にクレームがつけられたり、掲載見送りを求められたりするようなことはなかった。そのコラムをはじめ、脱原発、再生エネ拡大という独自テーマに沿って書き連ねた一連の「風向計」は、九州電力の反発を招くことはあっても、新聞社としては一定の評価はしてくれるのではないか、と期待するところがなかったわけではない。しかし、実は、「会社としての西日本新聞」は一連の「風向計」を決して歓迎しておらず、できれば掲載させたくなかったのだろう。なぜなら、二〇二一年十二月末の当期労働契約満了を控えた十二月十五日の契約更新交渉で、会社側から事実上、

「風向計」への出稿をできなくする契約条件を押し付けられたからだ。

会社側がその際、提示した労働契約書兼労働条件明示書の契約業務欄には、それまでどおり、「読者文芸、読者投稿欄などのデスク業務」と記されていたが、その後に、「取材、執筆は含まない」と追記されていた。その意味を聞くと、「書くな、とは言わないが、編集局ではあなたの一般記事はもう受け付けない」というような説明だった。言い換えれば、もう記事を書かないなら契約更新してもいい、というのである。再考を求めるが、会社側は譲らない。私は譲歩して、「少なくとも論説委員会担当の大型コラム『風向計』には書き続けたい」「『風向計』への出稿は妨げないでほしい」と要望した。これに対し、会社側は「風向計」への出稿自体は「関知しない」という。つまり、「風向計」への出稿は自由であり、妨げるものではない、というのだが、その一方で、「職場では『風向計』にかかわる取材、執筆など一切の作業を禁じる」と言い出すのである。こんな契約条件をのんでしまったら、「風向計」に出稿はできても論説委員会に対し執筆者として責任ある対応が取れず、つまるところ出稿は困難になる。

当時の私は、勤務日は契約業務とされた読者文芸や読者投稿欄などのデスクワークでほぼ手いっぱいで、「風向計」をはじめ独自テーマの取材、執筆は、主に勤務後の夜か休日に自宅で取り組んでいた。契約更新交渉では、そうした事情を説明し、「取材、執筆はこれまでどおり自宅でやる。職場では論説委員会とのやり取りや補足取材、原稿の一部書き換えに限っては作業を認めてほしい」と嘆願したが、会社側は聞く耳を持たない。〝身体拘束〟的な出稿封じを押し付けようとする。

会社側は、あの「再生エネ拡大阻む壁」など、独自テーマで書き連ねた「風向計」が気に入らなかったのだ。脱原発、再生エネ拡大路線の「風向計」はもうこれ以上、掲載させたくないのだ。

契約更新交渉で、会社側は、「風向計」を含め事実上、取材、執筆を封じる労働契約書兼労働条件明示書への署名押印を執拗に迫ってきた。「吉田さんが記事を書くと、職場が混乱する」というが、どの記事を問題視したのか、説明がない。納得できる説明がないのに、おいそれと断筆要求を受け入れるわけにはいかない。再検討を求めたが、会社側は契約更新交渉を打ち切り、二一年十二月末で私を契約更新停止にした。

第九章　どこかおかしい原発報道

二重基準の使い分け？

西日本新聞の原発報道を見ていて、二重基準を使い分けて紙面づくりをしているように感じることがある。国の原発政策は厳しくチェックするが、西日本新聞社の有力株主であり、いわば地域の経済権力である九州電力の原発事業やその周辺の問題についてはチェックが甘く、目をつぶりがちだ、という使い分けだ。

たとえば、東日本大震災と東京電力福島第一原発事故から十三年となる二〇二四年三月十一日付社説では、「いつまで原発に頼るのか」という見出しを立てて、原発の新増設や六十年超の運転を打ち出した岸田政権の原発政策を批判している。「原子力政策の議論は不十分だ」とした上で、「再生可能エネルギーの拡大が世界の潮流である。原発を脱炭素電源と位置づけ再評価する動きもあるが、ひとたび暴走すれば人の手に負えない。原発事故の恐ろしさを経験した日本は再エネ拡大の先頭に立つべきだ」と主張。「危険を内包する原発に将来も頼るのか。政府は国民に問う必要がある」と書いている。原発の即時廃止は求めていないが、脱原発を求める立場を強くにじませている。

ところが、九州電力に対しては、社説にしても一般記事にしても「いつまで原発に頼るのか」という疑問符を全く投げかけようとしない。原発や石炭火力はいつごろまで使い続けるつもりなのか、原発と石炭火力への依存からどう脱却していくつもりなのか、再生エネをさらに増やすためにどんな道筋を描いているのか、そんな基本的なテーマについてさえ、踏み込んで取材しようとしない。これでは、「いつまで原発に頼るのか」と国に迫る社説の訴えが上滑って、虚ろなものに思えてしまう。地元の原発の問題には目をつぶってやり過ごしておいて、天下国家の原発政策を声高に批判しても、いま一つ説得力がない。「いつまで原発に頼るのか」という社説の文章が、ジャーナリズムを装う、ある種の偽装にさえ思えてしまう。

また、能登半島地震の後、二四年一月二十一日付の社説は、「能登地震と原発　想定外の懸念があらわに」との見出しで、「被災地では家屋が倒壊したり、道路が寸断したりして、被災者の救出や避難に時間がかかった。原発事故が重なればこうした活動への支障は避けられない」「原子力災害対策指針の見直しも不可欠だ。重大な原発事故時に、原発三〇キロ圏の住民は避難や屋内退避をすると定めているが、地震や津波の被災地に安全な避難場所があるのか。道路が寸断された状態で迅速な避難ができるのか」「今回の地震に当てはめれば絵に描いた餅は明らかだ」と、いまの同指針や避難計画の実効性に疑問符を投げかけている。

ところが、一方で、九州電力の玄海原発、川内原発の周辺地域について、現在の原子力災害対策指針とそれぞれの地域の事故時の避難計画は、能登半島地震のような大きな地震と原発事故が重なった場合でも、住民の安全な避難のために十分機能し、対応できるのか、再検証して国に改善を促すような報道がほとんど見当たらない。本来なら、地域のブロック紙として地域住民の命と健康を守るという立場から、複合災害に想定されるさまざまな問題を幅広く、具体的に掘り起こして、国に同指針と避難計画の不備を突き付けて、それらの改善と自治体への避難支援を引き出すのが務めのはずだ。安全な屋内退避のためには、少なくとも原発三〇キロ圏の指定避難所や病院、高齢者・福祉施設に耐震・放射線防護工事を施す必要があり、要援護者の避難支援では自衛隊派遣を計画に織り込み、警察、消防と事前に情報を共有した上で事故に備えるよう体制整備が求められる。もとより、避難路の拡充、新設も重要な課題である。そうした最低限の備えをととのえ避難計画にある程度の実効性を担保できないなら、新聞報道には国と九州電力に原発運転の一時見合わせを求めるくらいの踏み込みがほしいところだ。社説では「絵に描いた餅だ」と同指針などを厳しく批判しておいて、なぜ、目の前の地域問題では課題を洗いだそうとせず棚上げしてしまうのか。そこに九州電力への忖度が働いているからだ、というほかに、これといった理由は見いだせない。

九州電力の広報紙なのか

九州電力の事業者論理にとらわれて、公正・中立という報道の原則から逸脱していると思われる記事も目にする。

たとえば、九州電力が、二〇二三年三月期連結決算の最終損益が七百五十億円の赤字になる見通しで通期無配とすると発表した、というニュースを朝刊一面トップで報じる同二月一日付の記事がある。その見出しに驚かされた。「九電七五〇億円赤字　通期無配に」というベタ黒白抜きの細い見出しを受けて、「原発フル活用　値上げ否定」という見出しが最も大きな字ですえられている。ニュースは巨額赤字の見通しと通期無配の方なのに、原発稼働と電気料金の関係に焦点を置き換えて、「原発をフルに動かすことができるから電気料金を抑えることができる」と読者に強調して読み取らせている。裏返せば、「原発をフルに動かせないなら値上げは必至だ」という意味合いも伝わってくる。「原発を止めればさらなる値上げを受け入れてもらわなければならなくなる」というふうに、半ば脅されているかのような印象だった。その記事が載る直前の二二年十二月、岸田政権は、十分な国民的な議論がないまま、原発政策を大転換させ、原発の六十年超の運転や新増設を認める方針を打ち出していた。そうした方針を盛り込んだ「GX（グリーントランスフォーメーション）推進法」案の国会審議を控えているところで、ことさら「原発稼働→安い電気料金」という目先の因果関係をとらえた見出しで原発必要論を強調して、「原発回帰」政策をバックアップするような紙面をつくる、というのは、どんな了見なのだろうか。

原稿は、巨額赤字になった理由に原発稼働率の低下と化石燃料の高騰をあげている。短期的には主にそれらが短期収支の悪化を導いているのだろうが、さかのぼってみれば、福島第一原発事故後も原発や化石燃料への依存を続け、再生エネへの転換を怠った九州電力の経営判断がここにきて化石燃料高騰の直撃を受けた、という解釈もできる。国が原発政策を大転換させようとする節目なのだから、単年度決算と当面の電気料金の行方だけではなく、原発を長期にわたりフル稼働させ続けた場合、原発の安全・事故対策費用や使用済み燃料の保管・処理経費、廃炉にかかる費用なども含めた収支はどうなるのか、それに伴って電気料金はどうなるのか、九州電力の目算を引き出して、原稿に織り込む工夫と努力が必要ではなかったか。

「原発フル活用　値上げ否定」という最も大きな見出しのわきには、「社長『いけるところまで』」という受けの見出しが付いていて、九州電力の〝経営努力〟を持ちあげている。記事中には、「（市民の）皆さんが物価高で苦労されている。（電気料金は）上げないでいけるところまで頑張る」という社長談話が前文に織り込まれている。はっきり言って、まるで御用新聞というか、九州電力の広報紙のようではないか。私は取材先で日頃の紙面を評して「西日本新聞は九州電力の子会社じゃないのかい」とからかわれて悔しい思いをしたことがあるが、そうした見方を読者の間に広げかねない記事だと思った。

九州電力の主張は載せるが、原発反対側の主張は載せない偏向例もある。たとえば、九州電力川内原発一号機は二〇二四年七月四日、運転開始から四十年を超え九州の原発で初めて最長二十年の運転延長に入った。そのことを伝える記事が同五日付朝刊一面トップに掲載され、関係者のインタビュー記事が別の面に掲載されたのだが、運転延長に反対する市民や識者のインタビュー記事が見当たらない。九州電力社長と、立地自治体の鹿児島県薩摩川内市長の話が載っているだけだ。推進・容認側の声だけ載せていて、中立性という報道原則を見失っている。長期運転は、金属製の原子炉容器が中性子を浴び続けてもろくなる経年劣化のリスクを抱えており、識者の中には劣化が進めば重大事故に結びつく恐れがあるという指摘がある。市民団体が川内原発の運転延長の是非を問う県民投票条例案を県知事に請求した経緯があり、鹿児島県議会で否決されたが、運転延長に反対する民意は相当厚みがあるのは間違いない。原発立地自治体ならどこでも直面する問題でもあることを考え合わせれば、県民投票を求めた市民グループの代表者か運転延長リスクを指摘する科学者ら反対・慎重側の声を掲載しないという判断はありえないことだ。なぜ、反対・慎重派の声を黙殺するのか。

遅きに失する問題提起

掲載のタイミングが「時すでに遅い」と感じることはよくある。たとえば、国が福島第一原発の処理水の海洋放出を決めて、いざ放出するというその前日の二〇二三年八月二十三日付朝刊で、処理水の陸上長期保管を訴える今中哲二さん（京都大学複合原子力科学研究所研究員）の大型寄稿が掲載された。処理水の扱いには国民的な議論が求められ、今中さんの提案は有力な一つの選択肢になりえたはずだが、その今中さんの寄稿を読んで議論を起こそうにも、あすには海洋放出が始まる、というタイミングである。その寄稿はおそらく通信社の配信記事なのだろう。直前の配信だったのならやむを得ないが、ある程度前に配信されていたのならすみやかに掲載すべきだった。そもそも国の海洋放出方針は二一年四月、菅政権時代に決められており、それ以降、掲載のチャンスはいくらでもあったはずだ。

岸田政権の原発政策転換をめぐっても、西日本新聞の報道を見ると、大きく紙面を割いてさまざまな課題を書き込んだのは政府発表、決定の前後などに限られ、国民的な議論を起こすような報道ができたか、疑わしい。岸田首相が二〇二二年八月に原発の新増設や六十年超の運転を検討すると発表してから同十二月の方針決定までの間、さらに、その方針を盛り込んだ「GX推進法」が国会で審議入りし、可決、成立する二三年五月までの間、企画、連載を展開するチャンスはいくらでもつくれたはずだ。節目では、原発推進派が多い審議会で方針を決めてしまって国民的な議論を怠ったことを批判したり、核のごみの問題などを取り上げたりしているが、結局のところ、政府のタイムスケジュールに応じてひと通りのことを書いているだけに見えてしまう。

西日本新聞は、GX法案の成立後、二四年三月十一日付社説「いつまで原発に頼るのか」で「原子力政策の議論は不十分だ。（中略）突然の百八十度の方針転換に多くの国民が納得しているとは思えない」と書いている。その通りだと思う。しかし、しょせん「後の祭り」というか、岸田首相の政策転換の検討表明を受けたときからすみやかに、原発を取りまく問題をあらためて総ざらいし、さまざまな論点を示して、国民的な議論を起こさなければならなかった。現在、国のエネルギー基本計画の見直し論議が進められている。現計画の「可能な限り依存度を低減する」方針を維持するのか、岸田政権の決定方針に沿って原発の「最大限の活用」に方針転換するのか、分かれ道に立っている。今度こそ、国民的な議論を起こすために、本腰を入れた紙面展開が求められている。

第十章　津島ルポ　あの人のその後

心ない言葉、「なぜ帰らないのか」

本書の原稿をほぼ書き上げようとするところで、冒頭に書いた二〇二一年夏の津島ルポをめぐって当時取材でお世話になった福島県浪江町津島地区の三瓶春江さんに電話した。あれから三年、どうしていらっしゃるのか、聞いておきたかった。

津島地区のほとんどは帰還困難区域指定による立ち入り規制が続いている。春江さん一家はまだ避難先で暮らしていた。元の家は、国が「特定復興再生拠点区域（復興拠点）」として除染し避難解除したごく一部のエリアにあり、一応、立ち入り規制は解除された。しかし、当面は戻るつもりはない。戻りたいのはやまやまだが、避難解除の条件とされる年間の追加放射線量「二〇ミリシーベルト以下」という数値は事故前より高く、一般公衆の国際基準（国際放射線防護委員会勧告）の被ばく限度「一ミリシーベルト」を大きく上回っている。被ばくによる健康被害や病気発症の不安やストレスを抱えながら暮らすのは耐えられない。

国は、復興拠点区域以外の帰還困難区域でも、帰還希望があればその人の自宅とその周辺などを「特定帰還居住区域」として除染し避難解除する支援事業を始めているが、各地に避難し散り散りになった津島のほとんどの人たちは津島に戻ろうとしない。自然の中で人々が支え合った山村の暮らしがそこにはもうないのだ。健康不安と向き合わなければならない。米や野菜は安心してつくれない。自由に散策もできない。戻る人がわずかでは生活に必要な店は再開できないし、新規出店も期待できない。医療、介護、教育面で十分な受け入れ態勢が整うとは思えない。家や幹線道とその周辺だけを除染するからといって、おいそれと帰還に踏み切ることはできない。そのあたりの事情が分からない人たちから「なぜ、帰らないのか」とか、「あなたたちが帰らないから風評被害がなくならない」と半ばとがめられるような場面が出てきたという。

春江さんはいう。「原発事故で津島から追い出され、長い避難生活に苦しみ、今になっては『なぜ帰らないのか』と言われて苦しめられる。私たちは事故の原因をつくったわけでもないのに残酷ではないですか」「汚した側が、汚したところを元通りにきれいにして返す、というのは当たり前ではないですか。(国の避難指示で）避難した人たちの家は黙っていても国の責任で全部を除染するのが当然なのに、帰還を希望しないなら除染しない、という。おかしくないですか」

春江さんの話を聞きながら思うのは、新聞は福島第一原発事故による避難者のその後のことを、日ごろはほとんど伝えなくなったということだ。三・一一前後はそれなりの手厚い紙面展開をするが、それ以外はそうした記事を目にすることはほとんどない。西日本新聞はとくにそうで、順次、避難指示解除されている地域のことがときおり、短く伝えられるくらいで、外からは見えにくい避難者の内情に踏み込んだ記事は見当たらない。私が二〇二一年七月に夕刊社会面トップに津島のルポ記事を書いてから、これまでに、津島のその後を伝える記事は西日本新聞では見たことがない。「なぜ、帰らないのか」という言葉に追い詰められながら、被ばくによる健康悪化をおそれて帰れずにいる避難者の窮状は、被害が見えにくく終わりが見通せない原発事故の底知れないこわさを象徴的に表している。避難者は福島県だけでなお二万五千人もいる。国と東京電力の責任をみすえて、伝えなければならないことはまだたくさんあるはずだ。

原発を動かすということは国民に事故リスクを押し付ける行為であり、国民の平穏な暮らしに不安の影を投げかける。その〝原罪〟を忘れてはならない。エネルギーの安定供給とデジタル化時代の電力需要増を大義名分に、原発を動かすことで国民にいくらかの負担をかけ、事故が起きてしまえば被害を招くことになったとしてもやむをえない、多少はがまんしてもらわなければならない、というような国家主義的な国民受忍論が、国民の不安をねじふせるようなことはあってはならない。「誰かを犠牲にする経済発展はもうやめにしよう」という、福島第一原発事故の直後によく発せられた自戒の言葉を忘れないでいたい。そのためにも、避難者の声に耳を傾け続けなければならない。

伝えられなかった最高裁判事の罷免請求

春江さんら津島地区の人たちが、国と東京電力を相手に、地域の放射線量を事故前の水準に戻すよう、原状回復を求めた損害賠償請求訴訟「ふるさとを返せ　津島原発訴訟」は、一審の福島地裁郡山支部では国の賠償責任が認められたが、原状回復の請求は認められなかった。現在は、仙台高裁で係争中だ。春江さんが津島訴訟をめぐって気がかりに思っているのは、最高裁が二〇二二年六月十七日、別の避難者訴訟四件について、国の賠償責任を認めない判決（以下「六・一七最高裁判決」）を出していることだ。その判決が、津島訴訟の高裁判決にも影響する可能性がある。

四件の避難者訴訟では、原告側は、①国の地震調査研究推進本部が二〇〇二年に公表した「長期評価」に基づけば巨大津波の襲来は予見できた②国は東電に対策を命じていれば事故を防ぐことができた——などと主張し、うち三件の高裁判決はそれらの主張を認めて、国の賠償責任を認めていた。「六・一七最高裁判決」では、争点となった「長期評価」の信頼性や予見可能性には判断を示さずに、「国が東京電力に必要な対策を命じていても、地震・津波の規模は想定より大きく、事故は防げなかった」として国の責任を否定した。

「六・一七最高裁判決」をめぐっては、大飯原発の運転差し止めを命じる判決を出したことがある元裁判官、樋口英明氏は、原発リスクを知っていたであろう東京電力と国は「少なくとも素人が思いつく手段（防波堤の建設、非常用電源を高所にも設ける、地下に水が入らないようにする等）は当然考えて実行していなければならなかったはずである。これは私たちの常識であるといえる」とした上で、「（国は）①絶対安全と豪語し国策として原発を推進してきたこと、②政府機関である推進本部（地震調査研究推進本部）の警告があったこと、③素人でも思いつく津波対策を東京電力に命じなかったこと等が明らかになったにも拘わらず、国に責任がないというのは私たちの常識に反する」と、手厳しく批判している（地平二〇二四年十一月号「最高裁に告ぐ　あなたの言う『公正らしさ』とは何だったのか」より）。なぜ、最高裁は、そのように一般人の常識に反するような判決を出すことになったのか。

「六・一七最高裁判決」を出した最高裁の四人の裁判官のうち三人は国の責任を否定し、多数意見として判決を導いた。その三人のうち裁判長は判決言い渡しから間もなく定年退官し、東京電力とつながりがある弁護士事務所に就職した。他の二人は東京電力とつながりがある弁護士事務所の出身だという。他の避難者訴訟の原告ら住民や弁護士たちが二〇二四年八月、国会の裁判官訴追委員会に対し、その三人のうち在職中の二人は罷免すべきだとして、弾劾裁判所に訴追するよう請求した。それらの裁判官は、民事訴訟法にもとづいて下級審判決に法令解釈の誤りがないか審理せず、国の責任を認めた下級審判決を否定して独自の事実認定をしており、同法に違反している、と申し立ての理由を説明し、そうした誤った判断を招いた背景として、二人のそうした東京電力とのつながりを指摘したという。それら最高裁の裁判官の任官には、国有化された東京電力と時の政権の意向が入り込んでいて、そのことが四件の避難者訴訟をめぐる二人の判断に影響を与え、公正さを欠いた判決に結びついていないか、という疑念がその指摘には含まれているのだろう。時の政権と司法の癒着関係が「六・一七最高裁判決」を生み出したのではないか、という疑念である。春江さんはそうした疑念が膨らむ中、「(司法の世界に)正義はないのでしょうか」といらだちを隠さない。

この最高裁裁判官の罷免請求の動きを、新聞はどう伝えたか。東京新聞は大きく報道し、「共同通信、時事通信が配信したため、各地の地方紙が報じた」(地平十月号、後藤秀典氏

「ルポ　司法崩壊　第四回　包囲される最高裁」）というが、西日本新聞の紙面にはそうした配信記事は見当たらなかった。西日本新聞ニュースサイトでも検索してみるが、みつからない。「朝日、毎日、読売の三大紙は（中略）沈黙したままだった」（同）という。なぜ、そのようなことになるのか、は分らないが、その罷免請求は福島第一原発事故をめぐる国の責任を問い、事故によって破壊されたかつての生活を取り戻したいと願う人たちの多くの思いを背負っているという重い事実を見落としてしまっているのではないか。司法から半ば見捨てられそうになっている原発事故の被害者だからこそ、その声に耳を傾け、問題のありかを探り、是正を求めるのが新聞の務めであるはずだ。

　春江さんは、マスメディアには福島第一原発事故のことを忘れずに、被害者のその後と避難者訴訟の行方を追い続け、国や東京電力など大手電力に対する問題提起を重ねてほしいという。「三・一一の時だけ、新聞、テレビ各社が福島に取材に来ますが、（同事故の後始末は）三月だけの問題ではない。福島にはまだまだ数多くの避難者がいるのです。国は福島第一原発事故を忘れたい、事故をなかったことにしたいのでしょうが、マスコミはそうした国の姿勢を本気で追及しようとしない。三・一一の時だけ、あたりさわりのない報道をする。原発事故後初めて、津島でコメの試験栽培が始まった、とか、復興の美しいところばかり報道する。マスコミの力は大きいのに、それを十分、発揮できていないのではないでしょうか」

第十一章　新聞はジャーナリズムの担い手たり得ているか

私は排除すべき「異分子」だったのか

日本の新聞社などマスコミに対しては、数多くの批判がある。花田達朗・早稲田大学名誉教授（ジャーナリズム研究）は、大石泰彦氏編著「ジャーナリズムなき国の、ジャーナリズム論」（彩流社、二〇二〇年）への寄稿「日本『マスコミ』はジャーナリズムではない」の中で、日本のマスコミは、権力を観察し監視し批判するジャーナリズムの務めを果たせていない、と厳しく指摘している。

花田氏によると、終戦から間もなく、新聞の左傾化を恐れたＧＨＱの意向を受けて、日本新聞協会が一九四八年に出した「新聞編集権の確保に関する声明」が、その根本原因になっているという。同声明が、新聞の編集権を行使するのは「経営管理者およびその委託を受けた編集管理者に限られる」としたことで、新聞社の中に会社秩序原理が持ち込まれ、もともと戦後処理の産物だったにもかかわらず同声明がこれまで生き残り、今や経営者にとっては「会社を統治し、忖度構造の社内秩序を維持する上で、この上なく便利で有効な道具」となっていて、「経営に対する『編集の独立』、すなわちジャーナリストの自律性を否定している」という。

花田氏は、記者クラブ制度も問題視する。マスコミが記者クラブに所属することで、マスコミが権力の一員として「体制内化」し、「権力からの自由と独立」というジャーナリズム本来の規範から逸脱してしまっている、というのだ。「権力機構の一員になっているのに、『報道の自由』や『取材の自由』を主張する。または、それを実践していると信じている」「『権力監視』や『知る権利』の言葉を表の看板では引用して使用し、しかし他方で母屋での実際の活動では体制権力の広報部門としての活動で組織を維持する」。そうした指摘を私なりにかみくだけば、日本のマスコミはそうした二面性の中に甘んじて収まっているから、権力を監視し批判しようとしても、権力筋の介入でブレーキがかかったり、自己規制してしまったりして、それが中途半端なものになってしまうのではないか、という問題提起なのだろう。

花田氏は、早稲田大学で二〇一八年まで十二年間、ジャーナリズム養成教育を手がけて、数多くの卒業生たちをマスコミに送り出した。残念なことに、それら教え子たちの間では「メディア企業の矛盾した現実の中で」「志を持っているからこそ、逆に軋轢に遭遇して苦労」する例が相次いだのだという（「世界」二〇一八年六月号、「公共圏、アンタゴニズム、そしてジャーナリズム」より）。

「権力からの自由と独立」という規範を掲げつつ、実は「体制内化」している自己矛盾の中にありながら、日本のマスコミがうまく活動できているのは、ジョージ・オーウェル著「一九八四年」の中で、独裁国家「オセアニア」を支配する思考様式として描かれ、それが人々の間に行き渡って、人々を自ずと縛りつけているという〈二重思考（ダブルシンク）〉に近いものが、マスコミの中で巧妙に使いこなされているからだと、花田氏は指摘する（「ジャーナリズムなき国の、ジャーナリズム論」の中の寄稿「日本『マスコミ』はジャーナリズムではない」より）。

「一九八四年」が描く〈二重思考〉とは、「一つの精神が同時に相矛盾する二つの信条を持ち、その両方とも受け容れられる能力」であり、「完全な真実を意識していながら注意深く組み立てられた虚構を口にすること」などとされている。花田氏はこう説く。「（日本のマスコミの中にあって）うまくやっていける人間とは、結局、〈二重思考〉をうまく使いこなせる人間にほかならない。そのように馴致されていくのである。その馴致こそが日本『マスコミ』の社員教育や現場主義教育の本質である。（略）〈二重思考〉が苦手な人間はシステムの周縁に追いやられるか、日本『マスコミ』から排除されていく」。こうした見方は机上の論考から生まれたものではなく、マスコミに就職した教え子たちの取材を重ねて形づくられたものに違いない。

「ジャーナリズムなき国の、ジャーナリズム論」の編著者、大石泰彦・青山学院大学教授（メディア倫理・メディア法）は、その本の中の寄稿「『ジャーナリストの自由』の不在が意味するもの」の中で、権力側が不都合に思う記事を書く記者を自ら排除する日本のメディアについて、こう書いている。

「メディアが権力内部の情報を継続的に入手し、自らの事業を安定的に継続しようとすれば――メディアは権力を監視する『ウォッチドッグ』であるというジャーナリズムの原理・原則からすれば奇怪なことだが――、自らが権力者にとって『信用のおける』存在であると証明した上で、その内側に入り込むしかなくなる」「そのような信用を維持するためには、メディアはその組織が隅々までコントロールされていることも権力に対して証明してみせなければならなくなる。異分子が元気に動き回ることのできるような緩い規律のメディアでは、たとえその上層部を手なずけたとしても、権力側は全く安心できないだろう。結局メディアは、そのような権力側の懸念・不安を忖度して、内部の異物を慎重、かつ徹底的に排除するとともに、『素性のわからない』外部の者を近づけない姿勢をとることになるのである」「（日本新聞協会の）『編集権声明』は、そのような日本のメディアのマインドの具現化であり、その本質はメディア企業の政治・社会権力に対する『忠誠宣言』であると見ることができよう」

これらの論考を読ませていただきながら思い当たったのは、定年後、再雇用された契約社員として記者活動を続けた四年ほどの間、機会を見つけては、国と九州電力など大手電力業界の主張にあらがい批判するかたちで、脱原発と再生エネ拡大の立場から記事を書き続けた私は、結局のところ、西日本新聞社にとっては「権力側の懸念・不安を忖度して」、「慎重、かつ徹底的に排除」すべき「異物」、あるいは「異分子」として扱わざるを得なくなったのではないか、ということだった。

玄海原発の再稼動に向き合った平戸支局時代、孤立状態に置かれて、再稼働に反対する自治体や住民の動きとその声を取り上げた一部の原稿や企画案がボツ扱いにされたり棚上げ状態にされたりする経験をしたときからすでに、私は社内で「異分子」扱いされているのかもしれないと感じていた。そうであるならなおさらのこと、「異分子」として脱原発の立場から声を上げ、記事を書いていこうと思うようになった。根強い脱原発の民意に応えた記者活動をする人間が新聞社にいないという状態はおかしい。誰かがその務めを担わなければならない。うるさがられ憎まれることになるとしても一石を投じ続けることは、どこかで新聞社の役に立つはずだ。とくに、西日本新聞社の有力株主であり利害関係がある九州電力に対する新聞経営上の配慮がある種の報道を妨げるようなことがあるのなら、あえてそうした壁に正面から挑んでみて、そうした壁ははたして、報道機関として望ましいことなのか、記事を通じて問いかけて、議論を起こしてみようと腹を固めた。

福島第一原発事故の被災地・福島に出かけて避難者の声をウェブ連載で伝えたのは、現役世代のデスクや記者たちはもう出張しようとせず、福島のことがほとんど報道されなくなっていたから、まだ事故の幕引きは早いということを少しでもアピールしたかったということもある。数多くの原発訴訟で国と大手電力を相手に闘う弁護士、河合弘之さんや、再生エネの拡大を訴える認定ＮＰＯ法人・環境エネルギー政策研究所所長の飯田哲也さんら脱原発の論客たちにインタビューを試み、国のエネルギー政策に対するアンチテーゼを西日本新聞ウェブサイトに押し上げようとしたのも、現役世代がやらなくなった仕事だからこそ、こちらでやってみせて、原発問題にあらためて目を向けてもらうきっかけをつくりたい、と思ったからであった。再生エネの受け入れを制限する大手電力の送配電網の運用問題を、ウェブ連載やコラムなどで何度も書こうとしたのは、それまでその問題を脱原発、脱石炭の視点からとらえた記事を西日本新聞の紙面では見たことがなく、現役世代に「取材してはどうか」と声をかけてみてはいたものの取材に動く気配が見受けられなかったこともモチベーションになった。そのような独自の記事を繰り出す私に対し、会社側は、「取材、執筆は契約業務ではない」として私を断筆に追い込もうとし始め、ついには労働契約更新交渉で私を雇い止めに追い込んでいった。

新聞社と「原子力ムラ」の関係は

マスコミが「第四の権力」と呼ばれたのは今や昔話。部数減、広告収入減に見舞われ「斜陽化」がささやかれる新聞社に対しては、株主や大口広告主の影響力が増す方向にあるだろう。そうしたスポンサーが報道への介入を繰り返すようになったら、新聞社としては困ったことになる。

安倍政権下の二〇一五年、自民党国会議員が勉強会「文化芸術懇話会」の中で、「マスコミを懲らしめるには、広告料収入をなくせばいい」というような趣旨の発言をして、新聞社などマスコミ各社から一斉に批判されたことがある。報道を通じて民主主義社会を支えるマスコミの役割に理解が行き届かない暴言だったが、実のところ、その後、マスコミのスポンサー筋の中にはそうした政界の一部の暴言に触発されて、経済的に威圧をかけて報道への介入を試みる動きが出てきているのかもしれない。というのも、数年ほど前、ある有力広告主の事業を批判的に取り上げた西日本新聞の地域版の大型企画記事が、その広告主の怒りを買って、一時、広告の年間契約が破棄されようとした、という話が関係筋から伝わってきたことがあるからだ。その記事はその広告主の事業の否定的な面を社会問題として書き込んだ優れた記事だったが、記者は上司から叱責を受けたという。記者はその後、勤務地から異動した。これは、スポンサーによる報道への介入の一例に違いない。出資者、広告主としてはお金を出しているのだから新聞社に対し自社に不都合な報道はやめさせ、自社に有利な報道を求める権利があると勘違いする傾向が、経済界の中に蔓延してきているとすれば、報道現場としては油断のならないことだ。

その報道介入例は九州電力にかかわるものではないが、仮に、九州のトップ企業であり、西日本新聞社の有力株主である九州電力が、そうした報道介入型のスポンサーの色合いを強めていくなら、新聞社経営陣としては極めて頭が痛いことだろう。九州電力は、多くの政官業が原発事業をめぐる利害関係で結びつく九州の利益共同体、いわゆる「原子力ムラ」の盟主であり、「電力会社を敵にまわすということは、それぞれの地域の経済界全体を敵に回すということを意味する」（元経済産業省官僚の古賀茂明さん）というほどの力の持ち主だからだ。

「原子力ムラ」はかつて、原発の「安全神話」を日本社会に広く定着させて、その先で福島第一原発事故を引き起こすことになった。その事故の前までは、新聞社も「ムラ」の論理にどっぷりとつかりきり、〈日本の原発は安全であり、チェルノブイリ原発事故のような過酷事故は起きない〉というような勘違いを真に受けていたところがあって、報道現場でも原発批判は半ばタブー扱いされていた。一方で、原発の安全性をＰＲする大手電力の大口広告を無批判に受け入れて、相当の収入を得ていたわけだ。

西日本新聞社はいま、報道機関として、九州電力の「原子力ムラ」との間に適切な距離を置くことができているだろうか。九州電力との関係維持に一定の配慮が求められるであろう、新聞社経営・営業上の論理と切り離して、社内で報道の自由を確保できているだろうか。九州電力への忖度から、報道のあり方を自己規制したり、報道の内容を自己検閲したりする場面はないだろうか。九州電力の「懸念・不安」を忖度して、脱原発の立場から書かれた記事を排除し、そうした記事を書く記者を「異分子」として追い出してしまうようなことはないだろうか。新聞社のチェックの矛先が、本来向けられるべき権力ではなく、その権力が「懸念・不安」に思う記事を書く内部の記者に向かうという倒錯が、決してブラックユーモアではなくて、現実のものになりつつあるとすれば、それは報道現場のデスクや記者たちだけではなく、国民にとっても極めて不幸なことだ。

立ちはだかる「不文律のようなもの」

機会をみつけて脱原発や九州電力を批判する立場から発言し記事を書き続けた再雇用記者の四年間は、「脱原発ＮＧ」「九州電力批判ＮＧ」という新聞社内の「不文律のようなもの」にあらがい、格闘し、もがき続けた歳月だったと言えるかもしれない。一つひとつの記事、一つひとつの声を通して「不文律のようなもの」の縛りを解除し、無効化できないか、と内心、常に思っていた。

当時、そうした記事を歓迎し、すすんで紙面に掲載するデスク担当者はごく少数派だった。そうした記事を書こうとすると、それを抑え込もうとする同調圧力がかかってくる。正面から原発問題を議論しようとする者はほとんどいない。前に詳しく書いたように、背後から「アカですよ」とか、「食べていかなければならないからな」とか、警告めいたワンフレーズが飛び交う。「吉田さんは脱原発だから……」と遠ざけようとするラインの管理職がいれば、「よくあなたのような記者が生き残っているな」とからかう後輩記者がいた。デスクの多くは、脱原発や九州電力批判の立場から記事を書かせようとしないし、記者の多くもそんな記事を書こうとしない。「脱原発ＮＧ」「九州電力批判ＮＧ」という編集方針が文書で示されたり、上司から言下に伝えられたりすることはないが、多くがそのようにする。まるで、「不文律のようなもの」が社内にあって、デスクや記者たちの多くがそれに従っているようだった。「不文律のようなもの」に基づく人事処遇が繰り返され、それが社内に定着していくと、デスクや記者がそれを疑問視したり問題視したりして声を上げることはなくなる。「うちはこういう会社だから」と思考停止してしまう。さらには、「不文律のようなもの」をすすんで受け入れ、内面化するようになる。「不文律のようなもの」に従うのが社員として当然のわきまえであると考えてしまう。そして、いつしか、報道現場では脱原発を主張したり議論したりすることが半ばタブーのようなものになっていく。多くが「めんどうだから、九州電力や原発の問題には触れないでおこう」と思うようになる。そうなってしまえば、それは、すなわち権力の介入の一つの完成形と言えるだろう。

私は、何か問題に気づいたことがあったら一声上げてみる、あの「一声運動」を通じて、そうした「不文律のようなもの」に対する異議申し立てを繰り返した。問いかけ続けたのは、株主である九州電力に配慮する新聞社経営の論理が、報道の自由を安易に妨げているとすれば改めるべきではないか、ということだった。紙面を見ていて、「九州電力への忖度が過ぎないか」などと声を上げたことも一度ならずあった。そうした一声に共鳴する人たちが少なからずいることを感じ取っていたから、「一声運動」をやめようとは思わなかった。現役世代が言いにくいなら、後先短い再雇用記者が代弁しようと思っていた。しかし、「不文律のようなもの」は思っていた以上にしっかりと根付いており、ちょっと揺らいだように見えても、間もなく、何事もなかったかのように、そこに立ちはだかっているといった感じだった。

新聞社が、「不文律のようなもの」のフィルターによって特定の意見が選別・排除され、経営陣が公認する意見ばかりがまかり通るような「フィルターバブル」状態に陥るのは、やはり危ういことだ。それが組織のありようとして定着すれば「不文律のようなもの」の選別対象はいくらでも増えかねない。万一、上層部が権力側との距離感を見失い、権力側の意向を受け入れたり忖度したりするのが普通のことになって「不文律のようなもの」を乱発するようになってしまえばどうなるか。権力側の意見のあれこれが新聞報道のあり方を左右するようになり、権力側を厳しくチェックするような記事はほとんど出てこないだろう。社論統一を追い求める経営には落とし穴がありそうだ。

逆に、さまざまな意見が飛び交う、いい意味での混沌状態にある方が、新聞社全体に活力を保ち、権力監視のエネルギーを養うことができる、ということがあるのではないか。「会社としての新聞」の記者モデルからはみ出してしまうくらいの記者がある程度そろっていた方が、いい記事が数多く出てくるのではないか。権力側と適切な距離を保ち、権力側の不当な介入は押し戻しつつ、新聞社内がいい意味で混沌状態にあることの価値を知り、それを懐深く受け入れて、面倒くさがらずにうまく管理するのが、新聞社経営陣の務めのような気がする。

「フィルターバブル」状態が招く最大の悪夢は、新聞社経営の論理が、いつの間にか政治・行政・経済権力の論理に置き換えられてしまい、それら権力の意向が新聞社の中をわがもの顔に跋扈し始め、ひいてはいつの間にか国家権力の意向が新聞社を席巻して、報道の自由を抑え込んでしまう事態だろう。新聞社が軍国主義政権と一体となり、その片棒を担いで大本営発表という虚偽のプロパガンダを垂れ流し、国民を破局へ導いた太平洋戦争の教訓は、国家間の緊張が高まっているいまの国際情勢を見るとき、決して遠い過去のものとして葬り去るわけにはいかない。

新聞社の「異分子」であっただろうか。私は、新聞社内で孤立状態に追いやられ、原発支持を求める同調圧力のようなものを感じ取りながら、そんなことに思いをめぐらすことがあった。ちょっと大げさかもしれないが、戦時中の思想統制と同根と思える危うさを、当時の新聞社の雰囲気の中に感じ取っていたからかもしれない。新聞社がこのままの状態であるのなら、国が誤って戦争に踏み込もうとするときがきたとしても、戦争は止められないに違いない。残念なことに、原発を止められそうにないことも明らかのような気がする。

（組織名、肩書などはいずれも当時）

あとがき

なぜ、書いたのか。新聞社がおかしくなってきている。おかしくなってきているのに、そのことに気づかないし、気づいたとしても問題だとは思わない。問題だと思わないから、おかしさを自ら修正しようがない。西日本新聞がこんなことでいいのだろうか。誰かがそのおかしさをつぶさに書いて、新聞社の眼前に突き付けて、問題を問題として受け止めて、目を覚ましてもらいたい。書くか書くまいか迷うこともあったが、そんな思いは絶えることはなかった。

新聞社のおかしさは、定年再雇用の契約社員である私が脱原発、再生エネ拡大の立場から声を上げ続け、独自の企画記事を書き続けようとする中で、露出してきたように思う。脱原発は多くの国民が望んでいることなのに、それを訴える声や記事を遠ざけようとする。それを正面から取り上げて、オープンに議論しようとしない。国や九州電力への批判を口に出すことをはばからせるような空気が重しのようにのしかかっている。新聞社として原発推進・支持・容認の立場で報道をしたいのなら、報道・編集現場にその趣旨を伝えて議論すればいいいのに、そうはしない。

記者を孤立状態に置き、十分な議論もなしに原稿をボツにし、企画案を棚上げにする。取材から外す。取材、執筆から遠ざける業務を担わせる。「取材、執筆はあなたの契約業務ではない」と事実上の断筆を要求する。「取材、執筆するなら所属長に相談し、事前に承認を得る」という契約条件を押し付け、それを明記した覚書文書に署名押印を求めて、「契約期間中でもその約束事を破ったら契約を破棄する」という。契約更新交渉で執拗に事実上の断筆を求め、応じないと見るや、間もなく雇い止めに追い込んでいく。

おかしくはないだろうか。なぜ、そこまで「脱原発」を拒絶しなければならないのか。まるでアレルギーであるかのように、まるでセンサーの警報を聞き取ったかのように、まずは排除しようとしなければならないのだろうか。そうした新聞社のありようは、西日本新聞社の有力株主である九州電力に対する経営上の配慮や忖度が、過剰なまでに報道現場におおいかぶさっていることのあらわれに違いない。ジャーナリズムの担い手である報道機関として、道を踏み外していないだろうか。そのようなことをはっきりと書き記しイエローカードを突き付けておかなければ、記者人生に終止符を打つ気にはなれなかった。

岸田政権による原発政策の大転換が、そんな思いに拍車をかけた。福島第一原発事故の避難者はまだ多く、廃炉の見通しも立たず、事故の後始末ができていないのに、燃料高騰のどさくさにまぎれて、原発の新増設や六十年超の運転を認めると言い出す。原発推進派を集めて、十分な国民的な議論もなしに、そそくさと、しれーっと決めてしまう。そうした岸田政権の「原発回帰」を許してしまっているのは、国と大手電力に対する新聞社の監視が弱まっていることも関係しているのではないか、と思わないではいられなかった。なぜ、そうなってしまっているのか、私が新聞社で経験した数々の出来事やトラブルを通して、ある程度、その理由を説明できるだろう。どんな壁にぶつかり、どう私が動いたのか、詳細に振り返る手記は、これからの新聞はどうあるべきなのか、市民も含めて考える手がかりになるのではないか、と思った。

私は、二〇二一年十二月末で雇い止めにされた後、西日本新聞社を相手に契約社員としての地位確認を求めて福岡地裁に労働審判の申し立てをした。復職は認められなかった。新聞社が解決金を支払うことで調停成立している。新聞社には「一件落着したのに、なぜ書くのか」と思う向きもあるかもしれないが、調停書には、労働審判の調停内容や雇い止めに至る経緯について双方とも公にしてはならない、などという守秘義務条項は盛り込まれなかった。裁判官が、「なぜ労働審判になったのか、それまでの経緯は書き残したい」という私の意向をくんで、調停書に守秘義務が付かないように配慮してくれた。当時の人事部長には調停成立後まもなく、労働審判に至る経緯を何らかの形で公にする旨を手紙で伝えている。西日本新聞社には記者として育ててもらった恩義があるが、おかしいことはおかしいと書いておきたかった。後にはそれが恩返しだ、と思うようになった。

私は一九八一年に西日本新聞社に記者として入社。本社では社会部や文化部（後のくらし文化部）、整理部（後の編集センター）、出先は宮崎総局、加治木支局、島原支局、筑豊総局、唐津支局、平戸支局に勤務した。中心ではなく、周辺にいることが多かった。本社を離れる時期が長かったから、西日本新聞社の社内常識や標準的な考え方が社員の間にあるとすれば、それらにすこぶる疎いところがあった。

記者としては地方勤務を数多く経験し、その時々に自分なりに掘り下げた独自の企画記事を書くことができたのはよかった。弱い立場に置かれていたり、困難を抱えていたりしていながらも、現状を変えようと前を向いて生きる人たちとの出会いから、多くを学び、多くを考えさせられた。過疎の山村に暮らす人たち、地域おこしに挑む人たち、自立生活をめざす障害がある人たち、雲仙普賢岳噴火災害で被災後、再起をめざす人たち。元炭鉱マン、在日コリアン、被差別部落の問題に取り組む高校教師。そうした人たちの取材を重ねる中で、常に市民の側に立って記事を書きたいと思うようになった。

そうした先で、定年前後の平戸支局で出会ったのが、九州電力玄海原発の再稼働をめぐって過酷事故の発生や事故時の避難に不安を募らせ、再稼動に反対する長崎県平戸市、松浦市の人たちだった。さまざまな社内の壁があり、思うような記事を書くことができず、それまでになく、「会社としての西日本新聞」に身を置く自分と、社員の多くが共有するかのような「不文律のようなもの」の存在を、強く意識させられた。そこから、脱原発、再生エネ拡大をメーンテーマにすえた定年再雇用後の記者活動が始まった。それからの四年間は、「不文律のようなもの」との衝突、対決の繰り返しだったと言えるかもしれない。

再雇用記者としては、記事をよく書いた。一歩下がって現役世代をサポートする、というような定年後の記者像があるとすればそれとは正反対で、脱原発の立場から言いたいことを言い、書きたいことを書いた。新聞社の現状や紙面への批判も遠慮なく口にした。現役世代には迷惑に思う向きもあったかもしれない。私は、しだいに孤立状態になっていった。一方で、私の脱原発、再生エネ拡大の路線を支持していると思われる人たちも少なからずいた。立ち往生しているとそれを察して、さりげなくサポートしてくれるデスクや記者たちがいた。私が四年間、契約社員の再雇用記者としてやっていけたのはそうした人たちがいてくれたおかげだ。残念なことに、そうした人たちは徐々に、人事異動で本社外や編集局外、内勤職場などに異動していった。不本意な異動もあったに違いない。事情はよく分からないが、退社した人もいる。私をサポートしたことが影響しているとすれば申しわけないことだ。もう取り返しがつかないが、そうした人たちに対し、会社側から雇い止めされ失職するまでに、どんなことがあったのか、きちんと報告しないまま消え去ってしまっては不義理になるのではないか、と思ったのもこの手記を書く動機の一つになった。あらためて、心から在社中のサポートに感謝の気持ちを伝えたい。

経営の論理と、報道の自由の間でどう折り合いを付けるか、は新聞社の永遠のテーマだ。経営状況が厳しさを増せばそれだけ、経営の論理が前面に押し出され、報道の自由が制限される場面が増えるだろうが、記者の人たちにはジャーナリズムの理想というものを見失ってほしくない。何かの壁にぶつかったら、声を上げてほしい。周囲はその記者を孤立させず、支えてほしい。これからは、株主や大口広告主に向き合う経営陣を孤立させず、報道機関としてどのような報道が求められているのか、ともに話し合い、考えるチャンネルが必要になるかもしれない。

私が社会部記者のころデスクだった先輩で、人権報道「容疑者の言い分」（日本新聞協会賞受賞）の中心にあって活躍し、後に編集局長になった菊池恵美さん（故人）が、よく投げかけてくれた言葉に、「いい意味で、青くさくないといかんぞ」というものがあった。原稿をどう書くか、迷っているときに、さっと来た。自らに言い聞かせているところもあっただろうか。権力・権威側の論理や社会の既成概念にひきずられずに、自分が最初に感じた素朴な疑問や問題意識を信じることだ、という助言だったと思う。青くさい奴だ、と笑われても正しいと思うことなら、それを言葉にし、記事にしなさい、という励ましだっただろう。記者としての理想を見失うな、という戒めでもあっただろう。難しい時代になればなるほど、そうした基本姿勢が求められてくるように思う。

権力の暴走に立ち向かい、健全な民主主義を守るのは、変わることのない新聞の務めだ。西日本新聞社には、「言論の自由と独立を守り　報道の公正、真実を貫く」という編集綱領に立ち返り、わたしたち読者の信頼に応えてほしい。

著者

■著者紹介

吉田昭一郎（よしだ・しょういちろう）

1957年、熊本県生まれ。濟々黌高校、早稲田大学商学部卒業。1981年、西日本新聞社に入社し、社会部や文化部（後にくらし文化部）、整理部（後に編集センター）、宮崎、筑豊の各総局、加治木、島原、唐津、平戸の各支局に勤務。2017年12月末の定年の後、再雇用の契約社員として平戸と本社で4年間勤務する。

新聞はなぜ、原発を止められないのか
—こうして記事は消された。ある記者の手記—

二〇二五年一月十五日　第一刷発行

著　者　吉田昭一郎
発行者　向原祥隆
発行所　株式会社南方新社
〒八九二—〇八七三
鹿児島市下田町二九二—一
電話〇九九—二四八—五四五五
振替口座〇二〇七〇—三—二七九二九

印刷製本　シナノ書籍印刷株式会社
定価はカバーに印刷しています
乱丁・落丁はお取替えします
ISBN978-4-86124-530-5 C0036